Arbeitsheft

Schlüssel zur Mathematik
Klasse 8
Niedersachsen

LÖSUNGEN

Cornelsen

Inhaltsverzeichnis

Dieses Heft gehört: Klasse:

Flächeninhalt vom Dreieck

▶ Grundwissen

Flächeninhalt: $A_{Dreieck} = \frac{g \cdot h_g}{2}$

Beispiel: $A = \frac{6\,cm \cdot 2\,cm}{2} = 6\,cm^2$

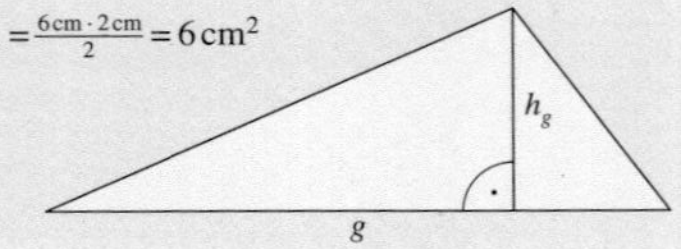

Trainieren

1 Gib jeweils zuerst den Flächeninhalt des Rechtecks und danach des Dreiecks ABC an.
Hinweis: Markiere gleich große Dreiecke.

Starthilfe 1. Schneide ein derartiges Viereck aus. 2. Schneide daraus das Dreieck ABC aus. 3. Lege Dreieck ABC mit „Resten" aus.

a)

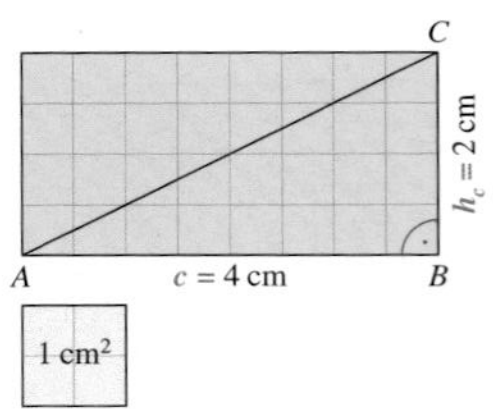

Rechteck: $A = 4\,cm \cdot 2\,cm =$ 8 cm²

Dreieck: $A = \frac{4\,cm \cdot 2\,cm}{2} =$ 4 cm²

b)

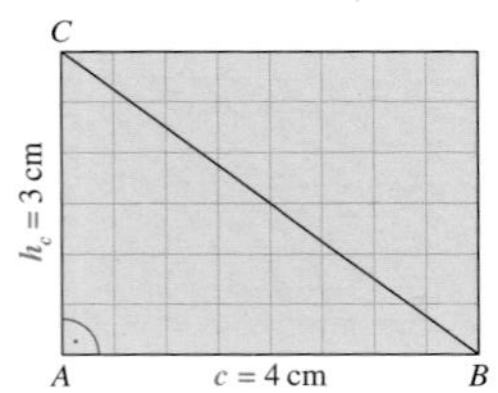

Rechteck: $A =$ 4 cm · 3 cm = 12 cm²

Dreieck: $A =$ $\frac{4\,cm \cdot 3\,cm}{2} = 6\,cm^2$

c)

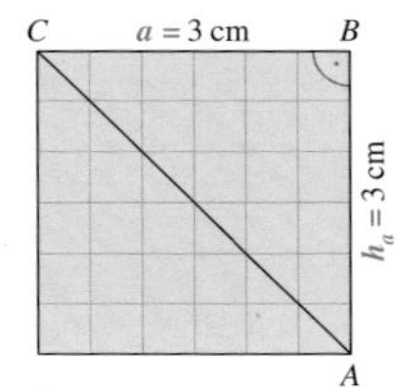

Rechteck: $A =$ 3 cm · 3 cm = 9 cm²

Dreieck: $A =$ $\frac{3\,cm \cdot 3\,cm}{2} = 4{,}5\,cm^2$

d)

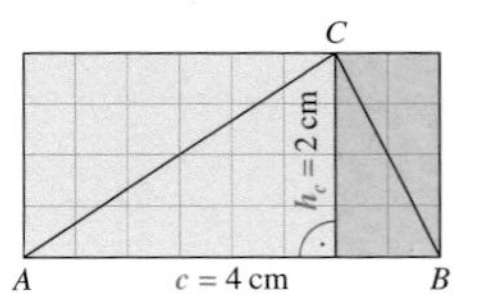

Rechteck: $A = 4\,cm \cdot 2\,cm =$ 8 cm²

Dreieck: $A = \frac{4\,cm \cdot 2\,cm}{2} =$ 4 cm²

e)

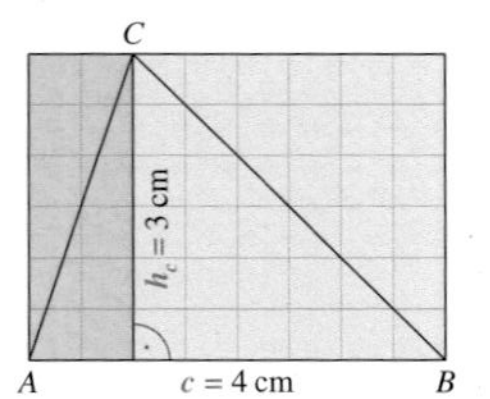

Rechteck: $A =$ 4 cm · 3 cm = 12 cm²

Dreieck: $A =$ $\frac{4\,cm \cdot 3\,cm}{2} = 6\,cm^2$

f)

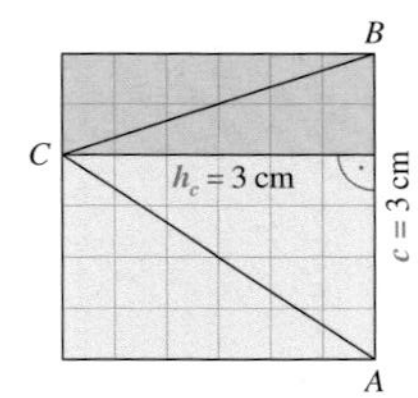

Rechteck: $A =$ 3 cm · 3 cm = 9 cm

Dreieck: $A =$ $\frac{3\,cm \cdot 3\,cm}{2} = 4{,}5\,cm^2$

2 Beschrifte bei Aufgabe 1 in jedem Dreieck ABC eine Grundseite und die zugehörige Höhe.

Starthilfe

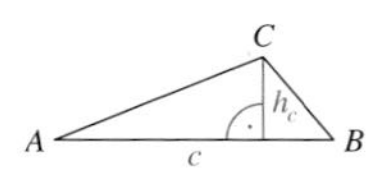

3 Berechne jeweils den Flächeninhalt des Dreiecks.

Starthilfe $A_{Dreieck} = \frac{g \cdot h_g}{2}$

a)

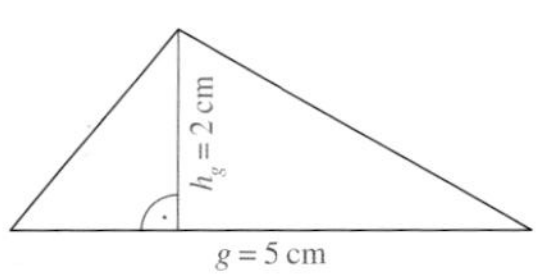

$A =$ $\frac{5\,cm \cdot 2\,cm}{2} = 5\,cm^2$

b)

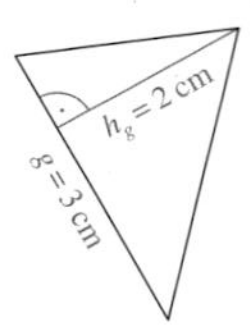

$A =$ $\frac{3\,cm \cdot 2\,cm}{2} = 3\,cm^2$

c)

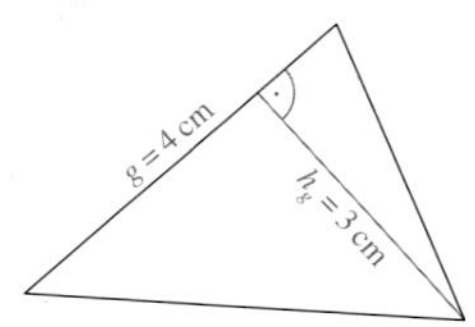

$A =$ $\frac{4\,cm \cdot 3\,cm}{2} = 6\,cm^2$

4 Zeichne zuerst die Höhe h_c ein.
Berechne dann den Flächeninhalt.

Starthilfe h_c ist die Höhe auf der Seite c.
$A = \frac{c \cdot h_c}{2}$

a)

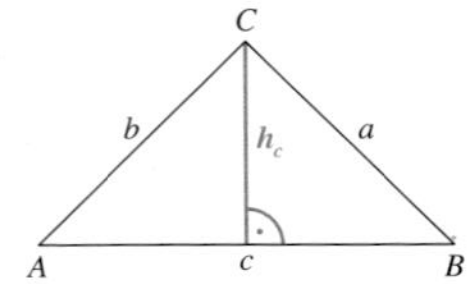

$A =$ $\frac{4\,cm \cdot 2\,cm}{2} = 4\,cm^2$

b)

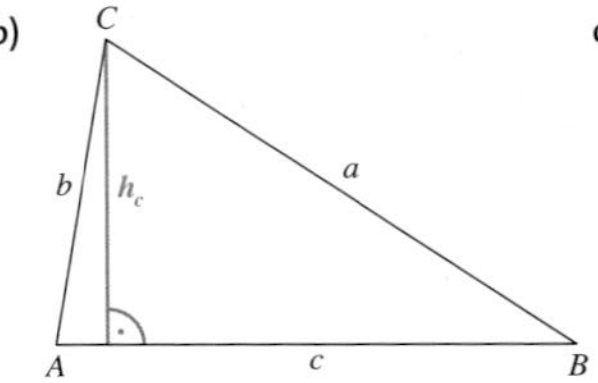

$A =$ $\frac{5\,cm \cdot 3\,cm}{2} = 7{,}5\,cm^2$

c)

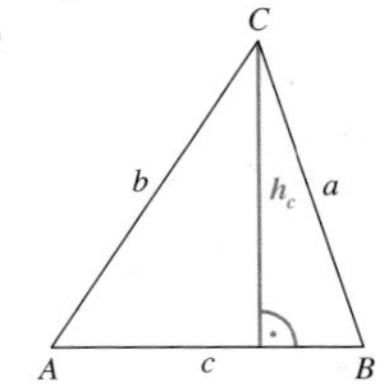

$A =$ $\frac{3\,cm \cdot 3\,cm}{2} = 4{,}5\,cm^2$

5 Ergänze jeweils die fehlende Größe des Dreiecks.

Starthilfe $A = \frac{c \cdot h_c}{2}$

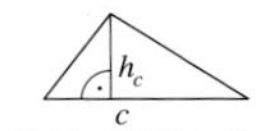

c	6 cm	5 cm	4 cm	10 cm	1 m	1 cm	10 cm
h_c	1 cm	4 cm	4 cm	5 cm	1 m	8 cm	3 cm
A	3 cm²	10 cm²	8 cm²	25 cm²	0,5 m²	4 cm²	15 cm²

Anwenden und Vernetzen

6 Gegeben ist jeweils eine Dreieckseite. Ergänze diese zu unterschiedlichen 6 cm² großen Dreiecken.

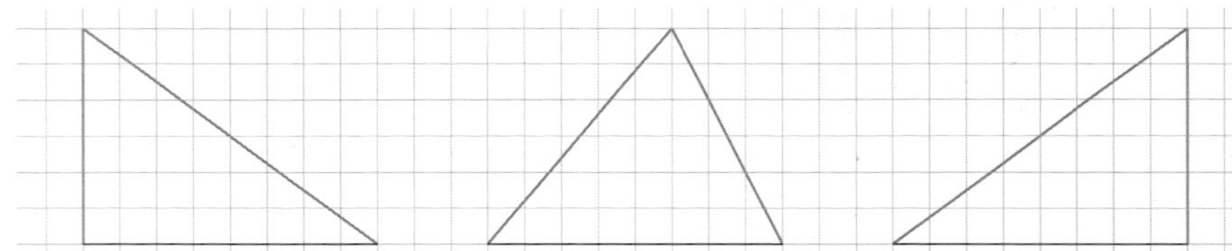

7 Miss die Seitenlängen und berechne den Umfang des Dreiecks.

Starthilfe $u_{Dreieck} = a + b + c$

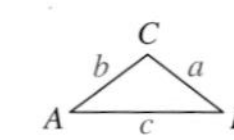

Seitenlängen: $a =$ 7 cm

$b =$ 4,5 cm

$c =$ 8 cm

Umfang: $u =$ 7 cm + 4,5 cm + 8 cm = 19,5 cm

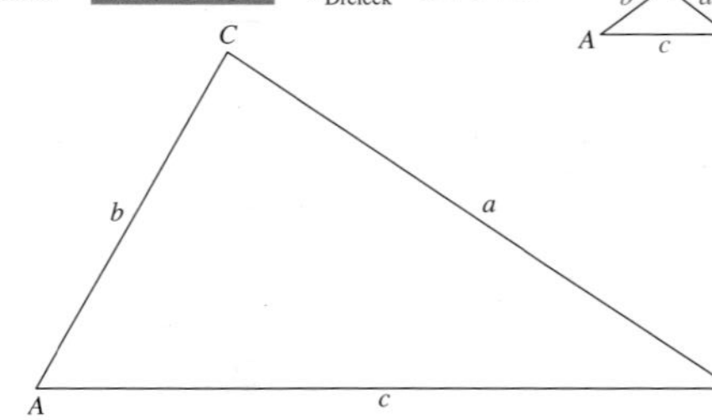

8 Im Garten wird das dreieckige Tulpenbeet angelegt.

a) Pro Quadratmeter sollen 10 Tulpenzwiebeln gesteckt werden.
Wie viele Zwiebeln müssen für das Beet gekauft werden?

$A = \frac{4\,m \cdot 6\,m}{2} = 12\,m^2$ $10 \cdot 12 = 120$ **120 Zwiebeln werden benötigt.**

b) Der Umfang des Beetes beträgt 17 Meter und 20 Zentimeter.
Kreuze die Länge der längsten Seite des Beetes an.

☐ 2,7 m ☐ 5,8 m ☒ 7,2 m ☐ 8,5 m

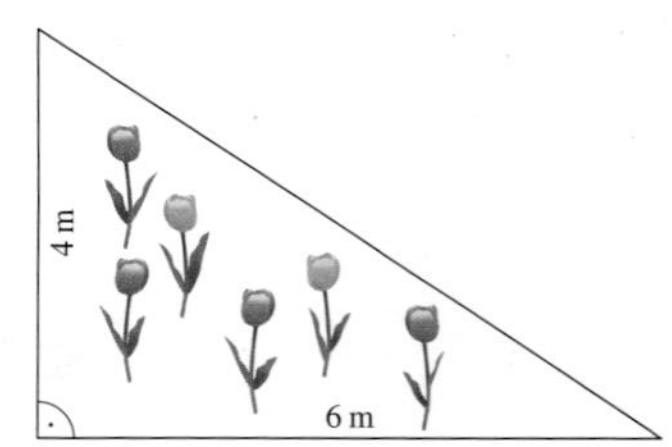

Flächeninhalt vom Parallelogramm

▶ Grundwissen

Jedes Viereck mit zwei Paaren gleich langer gegenüberliegender Seiten ist ein Parallelogramm.

Flächeninhalt: $A_{Parallelogramm} = a \cdot h_a$ Beispiel: $A = 3\,cm \cdot 2\,cm = 6\,cm^2$

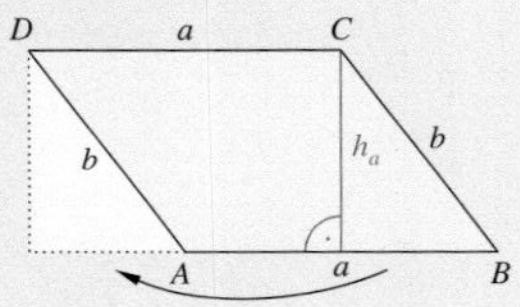

Trainieren

1 Ergänze jeweils zuerst die Längen der Grundseite a und der Höhe h_a des Parallelogramms. Gib danach den Flächeninhalt an.

Starthilfe 1. Schneide ein derartiges Viereck aus. 2. Zerschneide es entlang einer Höhe. 3. Lege mit beiden Teilen ein Rechteck.

a)

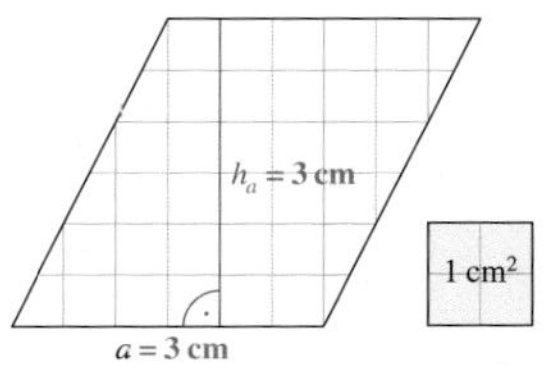

$A = $ 3 cm · 3 cm = 9 cm²

b)

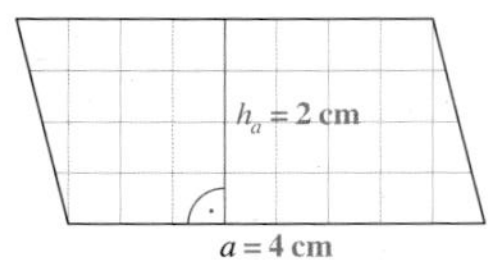

$A = $ 4 cm · 2 cm = 8 cm²

c)

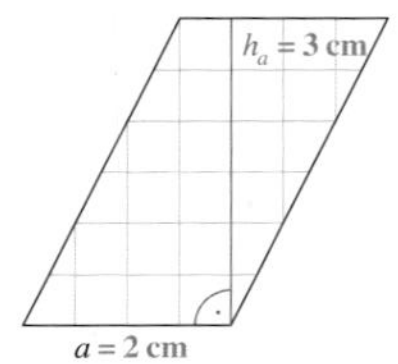

$A = $ 2 cm · 3 cm = 6 cm²

2 Berechne jeweils den Flächeninhalt des Parallelogramms. **Starthilfe** $A_{Parallelogramm} = a \cdot h_a$

a)

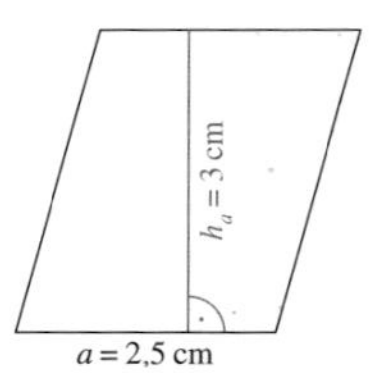

$A = $ 2,5 cm · 3 cm = 7,5 cm²

b)

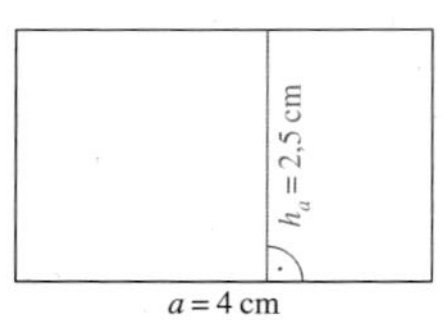

$A = $ 4 cm · 2,5 cm = 10 cm²

c)

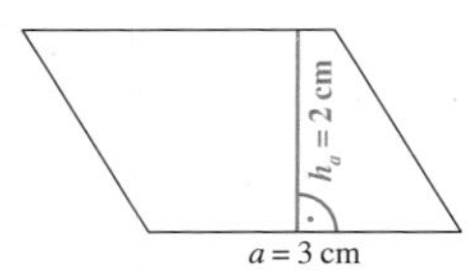

$A = $ 3 cm · 2 cm = 6 cm²

d)

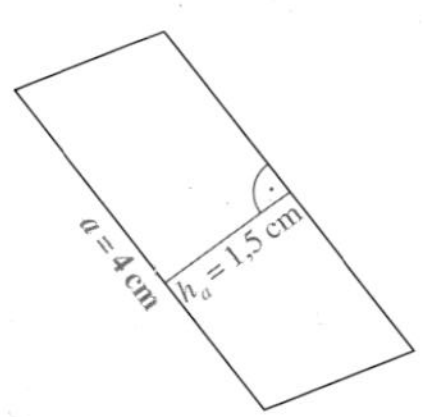

$A = $ 4 cm · 1,5 cm = 6 cm²

e)

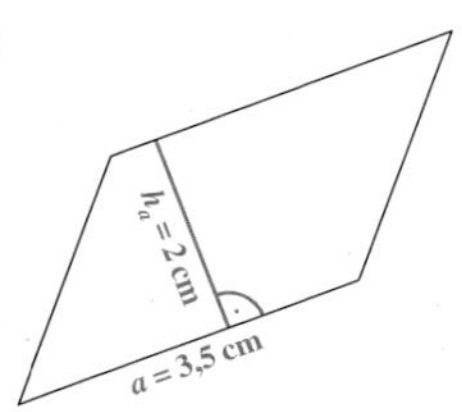

$A = $ 3,5 cm · 2 cm = 7 cm²

f)

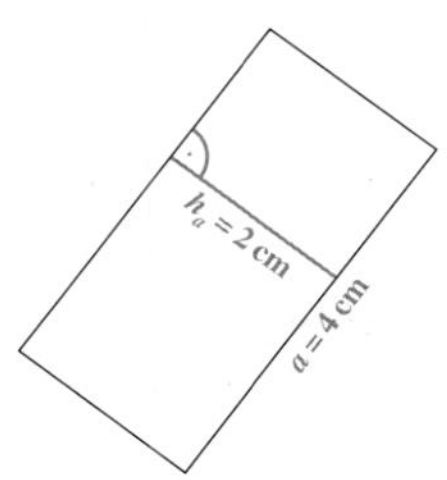

$A = $ 4 cm · 2 cm = 8 cm²

3 Ergänze jeweils die fehlenden Größen des Parallelogramms. **Starthilfe** $A_{Parallelogramm} = b \cdot h_b$

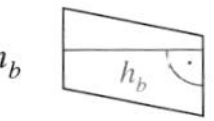

b	5 cm	8 cm	2,2 dm	10 m	3 cm	10 mm	4 m	7 dm
h_b	4 cm	3 cm	2 dm	3,6 m	20 cm	10 mm	8 m	7 dm
A	20 cm²	24 cm²	4,4 dm²	36 m²	60 cm²	100 mm²	32 m²	49 dm²

4 Gegeben ist je eine Seite eines 10 cm² großen Parallelogramms. Ergänze die fehlenden Seiten.

Starthilfe $a \cdot h_a = 10\,cm^2$
zu ① 4 cm · 2,5 cm = 10 cm²

z. B.

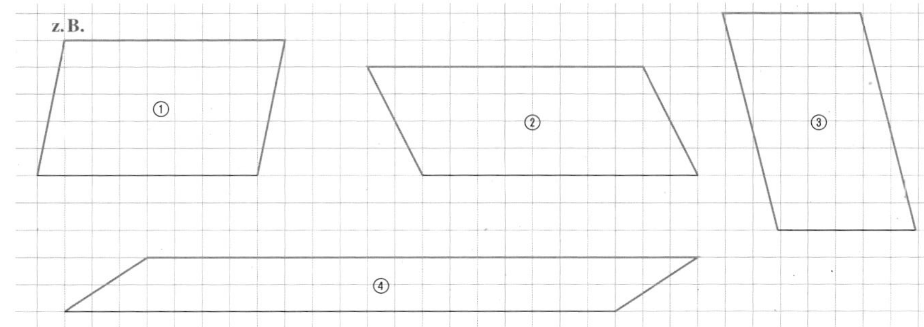

Anwenden und Vernetzen

5 Berechne den Umfang u und den Flächeninhalt A des Parallelogramms. Miss die benötigten Längen.

Starthilfe $u_{Parallelogramm} = a + b + a + b$

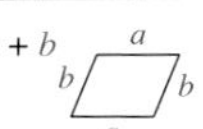

Seitenlängen: $a = $ 4 cm $b = $ 2,5 cm

$h_a = $ 1,5 cm

Umfang: $u = $ 4 cm + 2,5 cm + 4 cm + 2,5 cm = 13 cm

Flächeninhalt: $A = $ 4 cm · 1,5 cm = 6 cm²

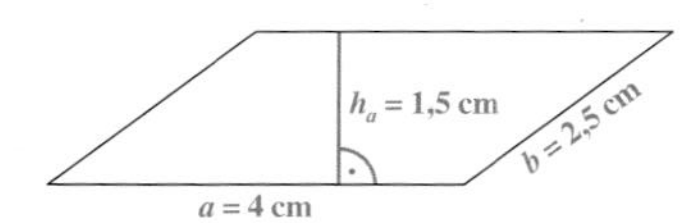

6 Auf der Karte ist maßstabsgetreu ein Spielplatz eingezeichnet.

a) Berechne den Flächeninhalt des Spielplatzes.

$A = 40\,m \cdot 22\,m = 880\,m^2$

Der Spielplatz hat einen Flächeninhalt von 880 m².

b) Dieser Spielplatz wird neu eingezäunt. Beide Eingänge werden 1,5 m breit sein. Berechne, wie viel Meter Zaun dafür zu kaufen sind.

$u = 40\,m + 23\,m + 40\,m + 23\,m = 126\,m$

$126\,m - (2 \cdot 1{,}5\,m) = 126\,m - 3\,m = 123\,m$

Es werden 123 m Zaun benötigt.

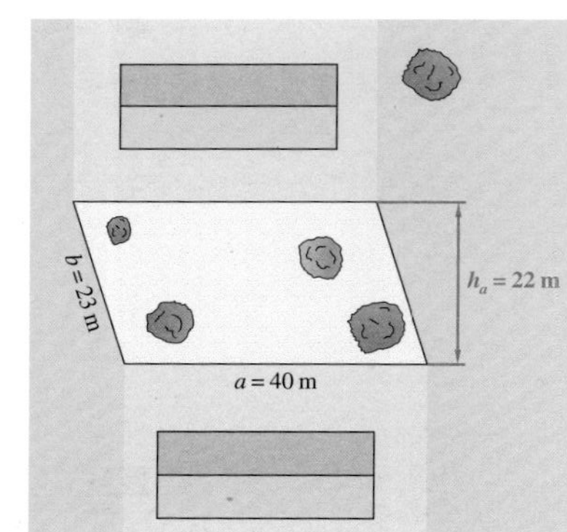

Flächeninhalt vom Drachen

▶ Grundwissen

Jedes Viereck mit zwei Paaren gleich langer benachbarter Seiten ist ein Drachen.

Flächeninhalt: $A_{Drachen} = \frac{e \cdot f}{2}$

Beispiel: $A = \frac{3\,cm \cdot 4\,cm}{2} = 6\,cm^2$

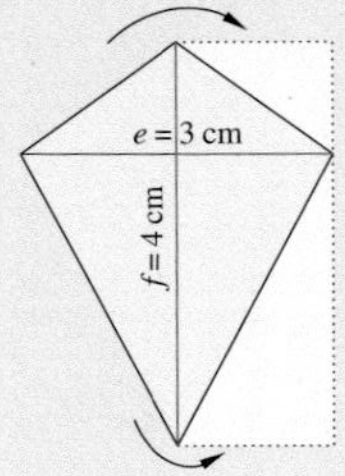

Trainieren

1 Ergänze jeweils zuerst die Längen der Diagonalen *e* und *f*. Gib danach den Flächeninhalt an.

Starthilfe
1. Schneide ein derartiges Viereck aus.
2. Zerschneide es entlang *e* und *f*.
3. Lege mit allen Teilen ein Rechteck.

a)

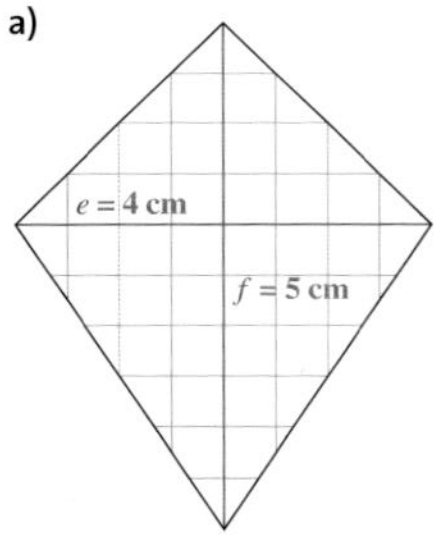

$A = \frac{4\,cm \cdot 5\,cm}{2} = 10\,cm^2$

b)

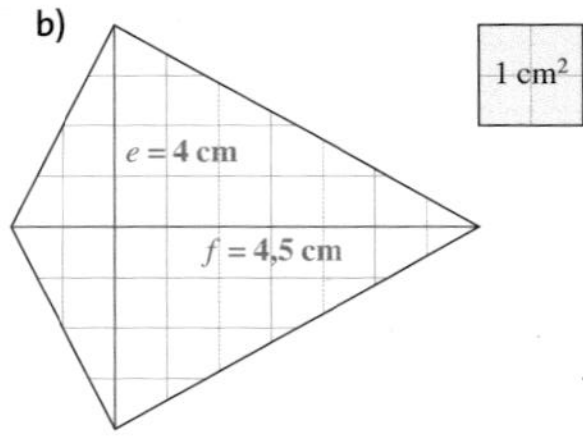

$A = \frac{4\,cm \cdot 4{,}5\,cm}{2} = 9\,cm^2$

c)

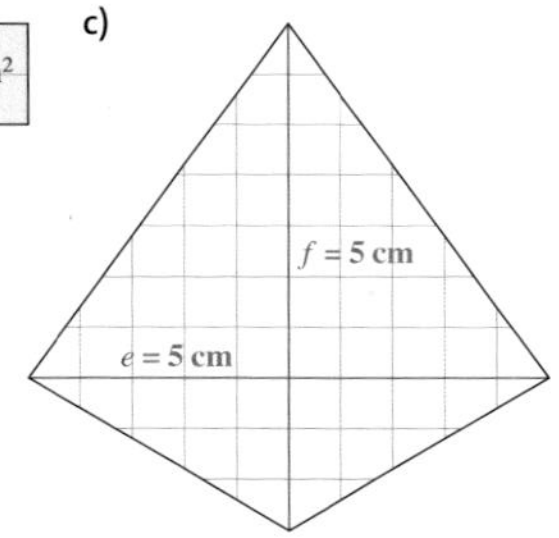

$A = \frac{5\,cm \cdot 5\,cm}{2} = 12{,}5\,m^2$

2 Zeichne jeweils zuerst beide Diagonalen ein.
Ermittle danach den Flächeninhalt.
Hinweis: Miss benötigte Längen.

Starthilfe Diagonalen sind Geraden, die gegenüberliegende Ecken verbinden.

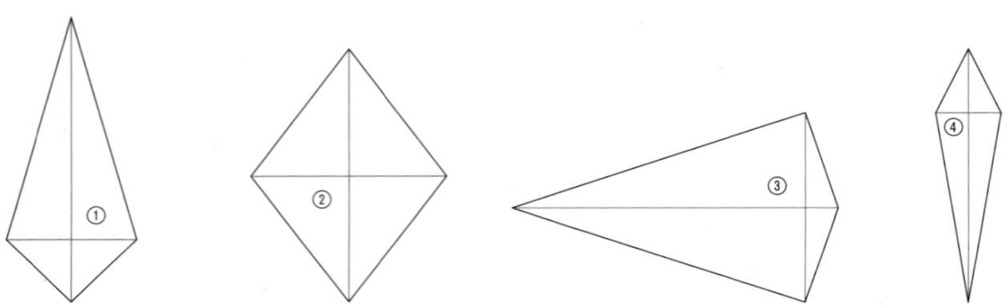

① $A = \frac{2\,cm \cdot 4{,}5\,cm}{2} = 4{,}5\,cm^2$

② $A = \frac{3\,cm \cdot 4\,cm}{2} = 6\,cm^2$

③ $A = \frac{3\,cm \cdot 5\,cm}{2} = 7{,}5\,cm^2$

④ $A = \frac{1\,cm \cdot 4\,cm}{2} = 2\,cm^2$

3 Ergänze jeweils zu einem $6\,cm^2$ großen Drachen.

Starthilfe $\frac{e \cdot f}{2} = 6\,cm^2$

$\frac{3\,cm \cdot 4\,cm}{2} = 6\,cm^2$

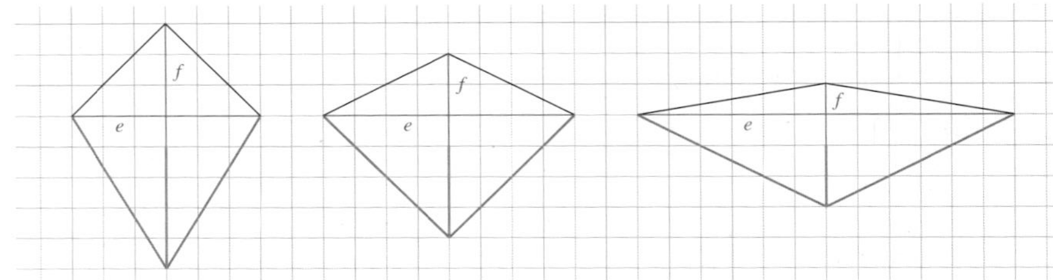

4 Ergänze jeweils die fehlende Größe des Drachens.

Starthilfe $A_{Drachen} = \frac{e \cdot f}{2}$

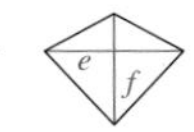

e	2 cm	6 cm	4 cm	20 mm	2,4 dm	30 m	**6 m**
f	5 cm	3 cm	10 cm	2 mm	10 dm	**2 m**	5 m
A	**5 cm²**	**9 cm²**	**20 cm²**	**20 mm²**	**12 dm²**	30 m²	15 m²

Anwenden und Vernetzen

5 Miss die benötigten Längen und berechne den Umfang *u* sowie den Flächeninhalt *A* des Drachenvierecks.

Starthilfe $u_{Drachen} = a + b + a + b$

Längen: $a =$ **2,2 cm** $b =$ **3,5 cm**

$e =$ **2,6 cm** $f =$ **5 cm**

Umfang: $u =$ **2,2 cm + 3,5 cm + 2,2 cm + 3,5 cm = 11,4 cm**

Flächeninhalt: $A = \frac{5\,cm \cdot 2{,}6\,cm}{2} = 6{,}5\,cm^2$

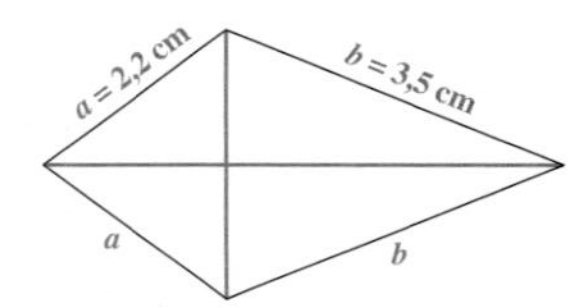

6 Bei Cuxhaven an der Nordsee ist das Fliegen von großen Lenkdrachen an vielen Stränden im Sommer verboten.
Erlaubt sind Kinderdrachen bis zu einer Größe von einem Quadratmeter an nur einer Schnur.

a) Prüfe, ob die Drachen mit den gegebenen Diagonalen erlaubt sind.

Starthilfe $100\,cm = 1\,m$; $10\,000\,cm^2 = 1\,m^2$

Drache Joko: 1 m und 1 m $A = \frac{1{,}00\,m \cdot 1{,}00\,m}{2} = 0{,}50\,m^2$ ☒ erlaubt

Drache Eddy: 40 cm und 60 cm $A = \frac{0{,}40\,m \cdot 0{,}60\,m}{2} = 0{,}12\,m^2$ ☒ erlaubt

Drache Kira: 1,60 m und 1,40 m $A = \frac{1{,}60\,m \cdot 1{,}40\,m}{2} = 1{,}12\,m^2$ ☐ erlaubt

b) Johanna möchte den Drachen Joko rundherum mit 15 cm langen Fransenstücken bekleben. Reichen dafür 20 Fransenstücke aus?

z. B.
u = 58 cm + 86 cm + 58 cm + 86 cm = 288 cm **15 · 20 cm = 300 cm**

288 cm < 300 cm **Ja, 20 Fransenstücke reichen aus.**

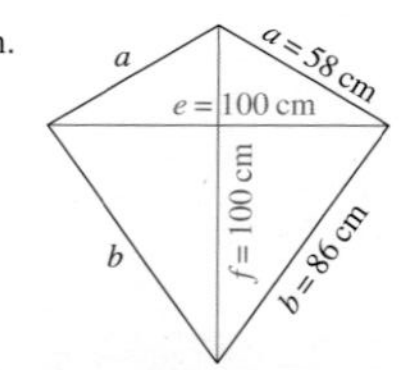

Flächeninhalt vom Trapez

▶ Grundwissen

Jedes Viereck mit einem Paar paralleler Seiten ist ein Trapez.

Flächeninhalt: $A_{\text{Trapez}} = m \cdot h_a$ Beispiel: $A = 4\,\text{cm} \cdot 3\,\text{cm} = 12\,\text{cm}^2$

$m = \frac{a+c}{2}$ $m = \frac{6{,}2\,\text{cm} + 1{,}8\,\text{cm}}{2} = 4\,\text{cm}$

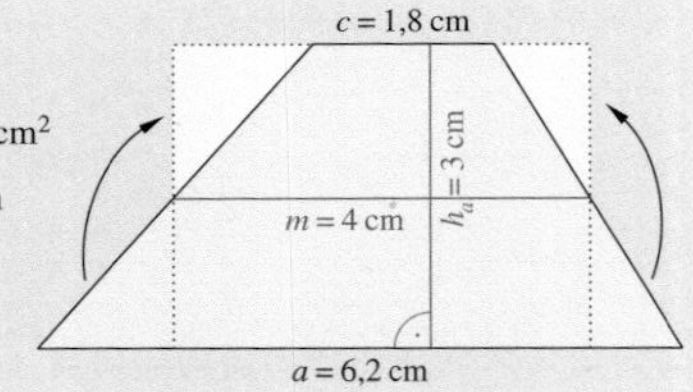

Trainieren

1 Vom Trapez zum flächeninhaltsgleichen Rechteck.

Starthilfe Die Mittellinie m liegt genau in der Mitte zwischen den zueinander parallelen Seiten.

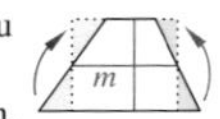

a) Zeichne jeweils die Mittellinie m ein.

b) Färbe Dreiecke wie in der Starthilfe ein.

c) Zeichne das entsprechende gleich große Rechteck darunter. Gib den Flächeninhalt vom Trapez bzw. vom Rechteck an.

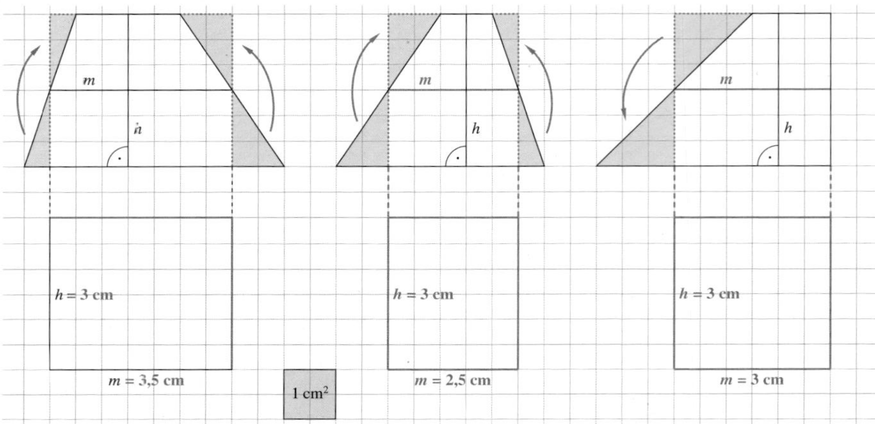

$A =$ **3,5 cm · 3 cm = 10,5 cm²** $A =$ **2,5 cm · 3 cm = 7,5 cm²** $A =$ **3 cm · 3 cm = 9 cm²**

2 Ergänze zuerst zu vier unterschiedlichen 2 cm hohen Trapezen mit der Mittellinie m.
Berechne danach die Flächeninhalte der Trapeze.

Starthilfe $A_{\text{Trapez}} = m \cdot h$

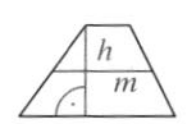

z. B.

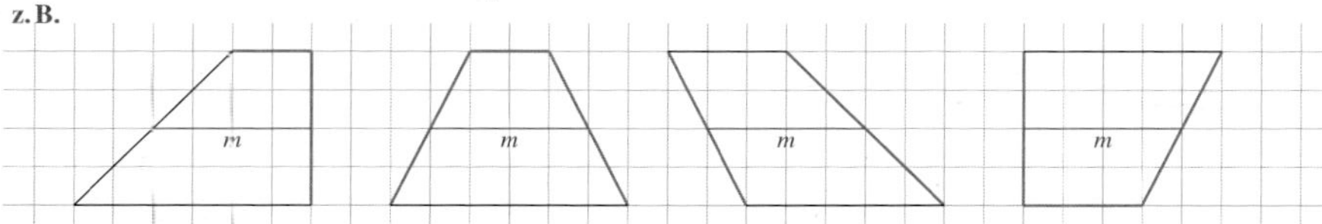

Für alle vier Trapeze gilt: $A = m \cdot h = 2\,\text{cm} \cdot 2\,\text{cm} = 4\,\text{cm}^2$

3 Berechne jeweils die Länge der Mittellinie m und den Flächeninhalt A.

Starthilfe $m = \frac{a+c}{2}$ $A_{\text{Trapez}} = m \cdot h$

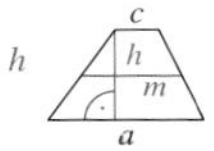

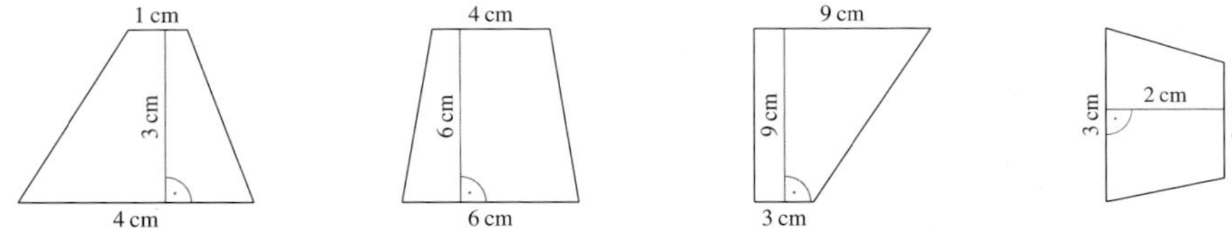

$m = \frac{4\,\text{cm} + 1\,\text{cm}}{2} = 2{,}5\,\text{cm}$ $m = \frac{6\,\text{cm} + 4\,\text{cm}}{2} = 5\,\text{cm}$ $m = \frac{3\,\text{cm} + 9\,\text{cm}}{2} = 6\,\text{cm}$ $m = \frac{3\,\text{cm} + 2\,\text{cm}}{2} = 2{,}5\,\text{cm}$

$A =$ **2,5 cm · 3 cm = 7,5 cm²** $A =$ **5 cm · 6 cm = 30 cm²** $A =$ **6 cm · 9 cm = 54 cm²** $A =$ **2,5 cm · 2 cm = 5 cm²**

4 Ergänze jeweils die fehlenden Größen des Trapezes mit den zueinander parallelen Seiten a und c.

a	5 cm	3 cm	10 cm	50 m	2 m	15 cm	**597 mm**
c	1 cm	7 cm	4 cm	40 m	3 m	**5 cm**	3 mm
m	**3 cm**	**5 cm**	**7 cm**	**45 m**	**2,5 m**	10 cm	**300 mm**
h	3 cm	4 cm	5 cm	10 m	**4 m**	3,8 cm	10 mm
A	**9 cm²**	**20 cm²**	**35 cm²**	**450 m²**	10 m²	**38 cm²**	30 cm²

Anwenden und Vernetzen

5 Berechne den Umfang u sowie den Flächeninhalt A des Trapezes. Miss die benötigten Längen.

Starthilfe $u_{\text{Trapez}} = a + b + c + d$

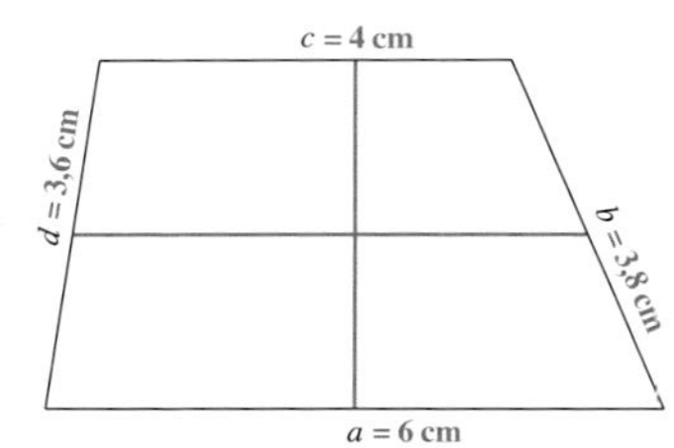

Längen: $a =$ **6 cm** $b =$ **3,8 cm**

$c =$ **4 cm** $d =$ **3,6 cm**

$m =$ **4,5 cm** $h =$ **3,5 cm**

Umfang: $u =$ **6 cm + 3,8 cm + 4 cm + 3,6 cm = 17,4 cm**

Flächeninhalt: $A =$ **$\frac{6\,\text{cm} + 4\,\text{cm}}{2} \cdot 3{,}5\,\text{cm} = 17{,}5\,\text{cm}^2$**

6 Isabells großer Bruder will in eine Wohngemeinschaft ziehen.
Bevor er den Mietvertrag unterschreibt, hat er das Zimmer ausgemessen.

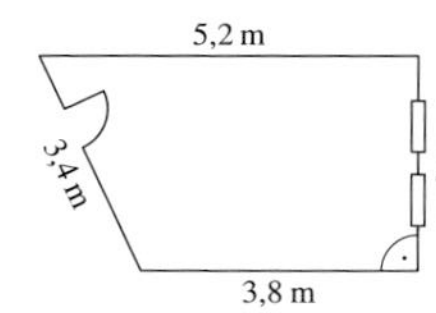

a) Überprüfe den Mietpreis von 260 €. Er setzt sich zusammen aus:
– 10 € pro Quadratmeter seines Zimmers und
– 110 € für die Nutzung von Küche, Bad und Flur sowie für Nebenkosten.

$m = \frac{5{,}2\,\text{m} + 3{,}8\,\text{m}}{2} = 4{,}5\,\text{m}$ $A = 4{,}5\,\text{m} \cdot 3\,\text{m} = 13{,}5\,\text{m}^2$ (13,5 · 10 €) + 110 € = 245 €

Der verlangte Mietpreis ist 15 € zu hoch.

b) In dem Zimmer müssten neue Fußleisten verlegt werden. Überlege, wie viele 2-m-Stücke gebraucht werden.
$u = 3{,}8\,\text{m} + 3\,\text{m} + 5{,}2\,\text{m} + 3{,}4\,\text{m} - 1\,\text{m} = 14{,}4\,\text{m}$ (Bei der ca. 1 m breiten Tür wird keine Fußleiste angebracht.)
14,4 : 2 = 7,2 8 Fußleisten werden mindestens benötigt, wenn die Tür 1 m breit ist.

Flächeninhalt vom Kreis

▶ Grundwissen

Flächeninhalt vom Kreis: $A_{Kreis} = r^2 \cdot \pi$

Beispiel: $A = (1\,cm)^2 \cdot \pi \approx 3{,}14\,cm^2$

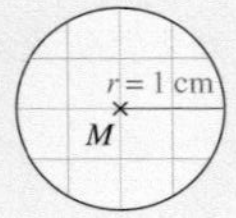

Trainieren

1 Starthilfe $A = r^2 \cdot \pi$

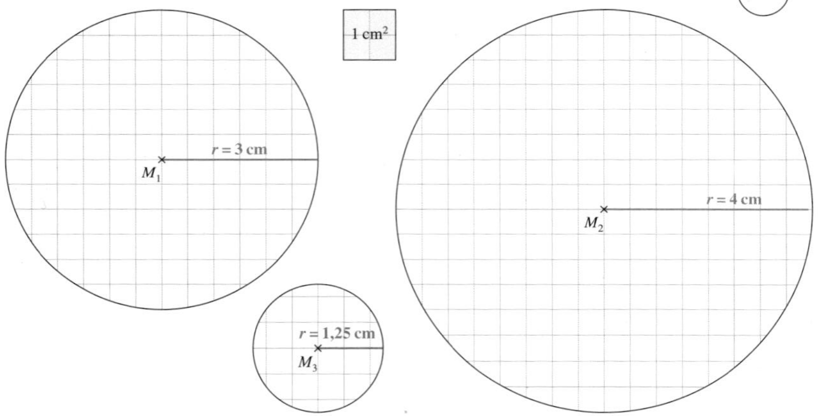

a) Zeichne in jeden Kreis einen Radius r ein und gib in der Zeichnung dessen Länge an.

b) Berechne den entsprechenden Flächeninhalt mit dem Taschenrechner.
Runde auf die zweite Stelle nach dem Komma.
Hinweis: Prüfe mithilfe der Kästchen, ob dein Ergebnis stimmen kann.

Kreis um M_1: $A = (3\,cm)^2 \cdot \pi \approx 28{,}27\,cm^2$ Kreis um M_2: $A = (4\,cm)^2 \cdot \pi \approx 50{,}23\,cm^2$

Kreis um M_3: $A = (1{,}25\,cm)^2 \cdot \pi \approx 4{,}91\,cm^2$

c) Miss oder berechne den Durchmesser d jedes Kreises.

Durchmesser des Kreises um M_1: 6 cm Durchmesser des Kreises um M_2: 8 cm

Durchmesser des Kreises um M_3: 2,5 cm

2 Ermittle die Durchmesser und die Flächeninhalte.
Runde auf die zweite Stelle nach dem Komma.

Starthilfe $d = 2r$, $A = r^2 \cdot \pi$

r	7 cm	7,5 cm	2 m	1,2 m	7 mm	13 mm
d	14 cm	15 cm	4 m	2,4 m	14 mm	26 mm
A	153,94 cm²	176,71 cm²	12,57 m²	4,52 m²	153,94 mm²	53,93 mm²

3 Münzen in Originalgröße

Durchmesser zum Abstreichen:
16,25 mm 19,75 mm
21,25 mm 22,25 mm
23,25 mm 24,25 mm
25,75 mm

	1 Cent	10 Cent	20 Cent	50 Cent	1 Euro	2 Euro
d	16,25 mm	19,75 mm	22,25 mm	24,25 mm	23,25 mm	25,75 mm
r	8,125 mm	9,875 mm	11,125 mm	12,125 mm	11,625 mm	12,875 mm
A	207,39 mm²	306,35 mm²	388,80 mm²	461,86 mm²	424,56 mm²	520,77 mm²

a) Ergänze die Tabelle.

b) Zu welcher Münze gehört der übrig bleibende „Durchmesser zum Abstreichen"? 5 Cent

4 Ergänze jeweils die fehlenden Größen des Kreises.
Runde auf die Einer.

Starthilfe $r = \sqrt{\frac{A}{\pi}}$ $d = 2r$

r	6 cm	9 cm	1 m	10 m	18 mm	23 mm
d	12 cm	18 cm	2 m	20 m	36 mm	46 mm
A	113,1 cm²	254,47 cm²	3,14 m²	314,16 m²	1017,88 mm²	1661,90 mm²

Anwenden und Vernetzen

5 Kreise und Vierecke

Starthilfe Kreisumfang: $u = 2 \cdot r \cdot \pi$

a) Ordne die gegebenen Flächeninhalte und Umfänge den eingefärbten Flächen zu.

8,28 cm | 9,42 cm | 9,42 cm | 12,28 cm | 1,93 cm² | 2,86 cm² | 5,14 cm² | 7,07 cm²

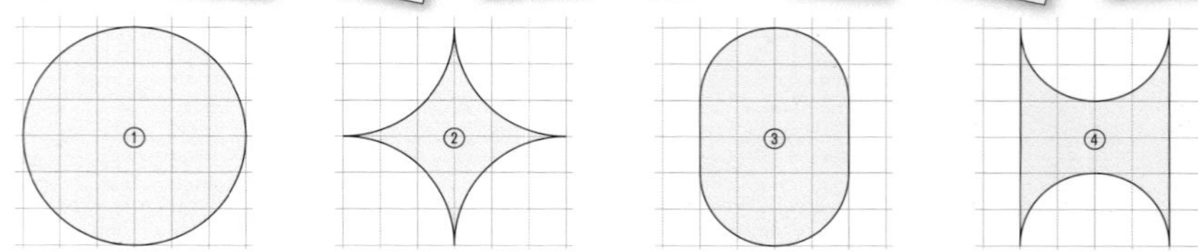

① $u =$ 9,42 cm, $A =$ 7,07 cm²
② $u =$ 9,42 cm, $A =$ 1,93 cm²
③ $u =$ 8,28 cm, $A =$ 5,14 cm²
④ $u =$ 12,28 cm, $A =$ 2,86 cm²

b) Mit einer 16 cm langen Schnur wurden nacheinander ein Quadrat und ein Kreis gelegt.
Welche der beiden Figuren hatte den größeren Flächeninhalt?

Starthilfe Quadrat: $u = 4 \cdot a$, $A = a^2$; Kreis: $u = 2 \cdot r \cdot \pi$, $A = r^2 \cdot \pi$

Der Kreis hatte den größeren Flächeninhalt ($A_{Kreis} \approx 20\,cm^2$; $A_{Quadrat} = 16\,cm^2$).

Flächeninhalt vom Vieleck

▶ Grundwissen

Der Flächeninhalt A eines Vielecks ist die Summe aller Flächeninhalte seiner Teilflächen.

Beispiel: $A = A_1 + A_2 = 6\,cm^2 + 1{,}5\,cm^2 = 7{,}5\,cm^2$

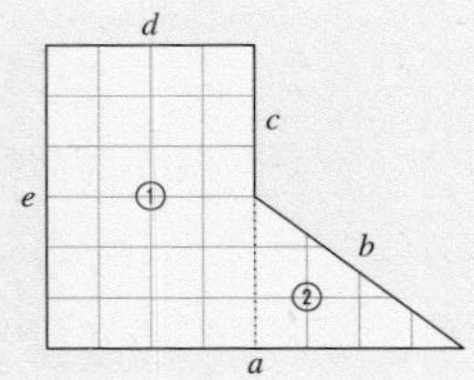

Trainieren

1 Gib jeweils zuerst die Flächeninhalte der Teilflächen an. Berechne danach den Flächeninhalt der Fläche.

Starthilfe: Grundwissen vorangegangener Seiten.

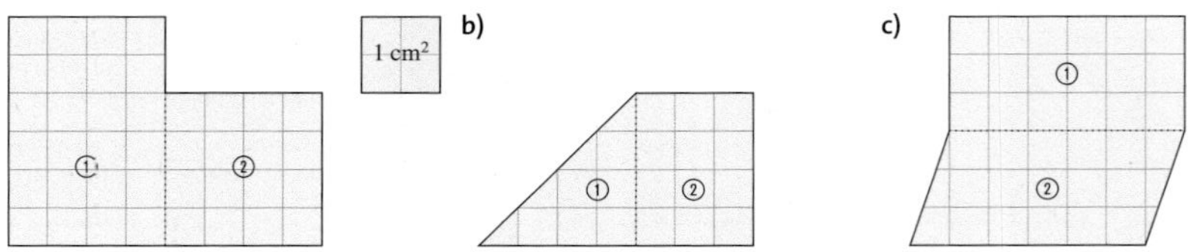

a) $A_1 = 2\,cm \cdot 3\,cm = 6\,cm^2$; $A_2 = 2\,cm \cdot 2\,cm = 4\,cm^2$; $A = 6\,cm^2 + 4\,cm^2 = 10\,cm^2$

b) $A_1 = \frac{2\,cm \cdot 2\,cm}{2} = 2\,cm^2$; $A_2 = 1{,}5\,cm \cdot 2\,cm = 3\,cm^2$; $A = 2\,cm^2 + 3\,cm^2 = 5\,cm^2$

c) $A_1 = 3\,cm \cdot 1{,}5\,cm = 4{,}5\,cm^2$; $A_2 = 3\,cm \cdot 1{,}5\,cm = 4{,}5\,cm^2$; $A = 4{,}5\,cm^2 + 4{,}5\,cm^2 = 9\,cm^2$

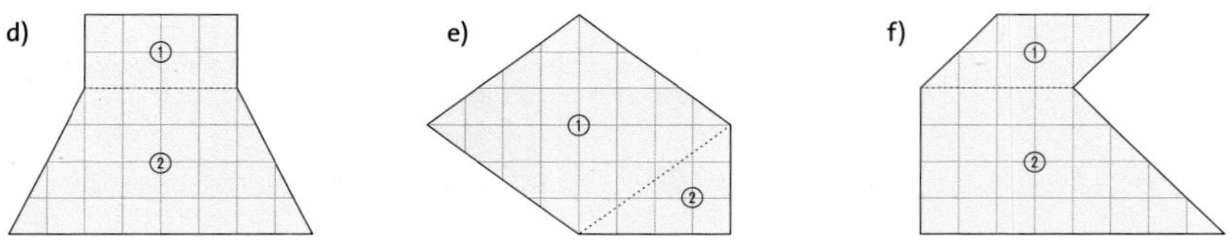

d) $A_1 = 2\,cm \cdot 1\,cm = 2\,cm^2$; $A_2 = \frac{2\,cm + 4\,cm}{2} \cdot 2\,cm = 6\,cm^2$; $A = 2\,cm^2 + 6\,cm^2 = 8\,cm^2$

e) $A_1 = \frac{4\,cm \cdot 3\,cm}{2} = 6\,cm^2$; $A_2 = \frac{2\,cm \cdot 1{,}5\,cm}{2} = 1{,}5\,cm^2$; $A = 6\,cm^2 + 1{,}5\,cm^2 = 7{,}5\,cm^2$

f) $A_1 = 2\,cm \cdot 1\,cm = 2\,cm^2$; $A_2 = \frac{4\,cm + 2\,cm}{2} \cdot 2\,cm = 6\,cm^2$; $A = 2\,cm^2 + 6\,cm^2 = 8\,cm^2$

2 Zerlege entlang von Linien die Figur in ein $1\,cm^2$ großes Dreieck ①, ein $3\,cm^2$ großes Rechteck ②, ein $5\,cm^2$ großes Rechteck ③ und ein $2{,}5\,cm^2$ großes Trapez ④.

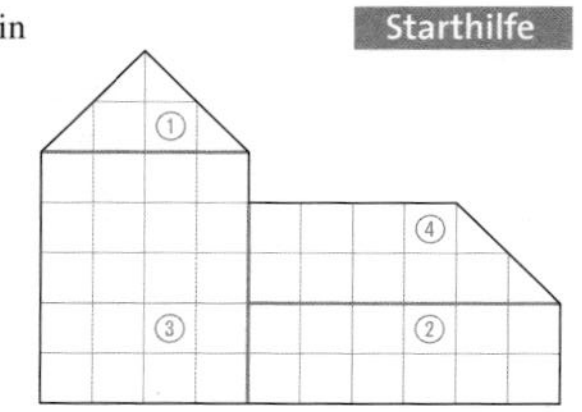

Starthilfe: Ein Kästchen ist $0{,}25\,cm^2$ groß; zwei $0{,}5\,cm^2$; drei $0{,}75\,cm^2$; vier $1\,cm^2$; fünf $1{,}25\,cm^2$, …

3 Zerlege in Teilflächen
Zusatzaufgabe: Ermittle die Flächeninhalte.

Starthilfe: Zeichne bei **a** sechs Linien und bei **b** sieben Linien ein.

a) Zerlege mithilfe gerader Linien in Rechtecke bzw. Dreiecke.
z. B.

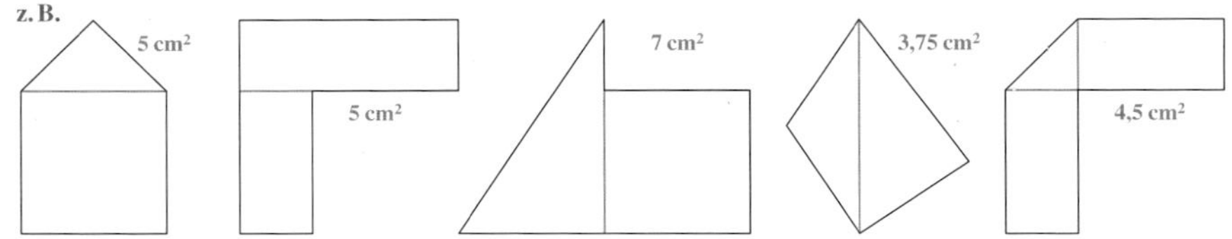

b) Zerlege mithilfe gerader Linien in Rechtecke, Parallelogramme bzw. Trapeze.
z. B.

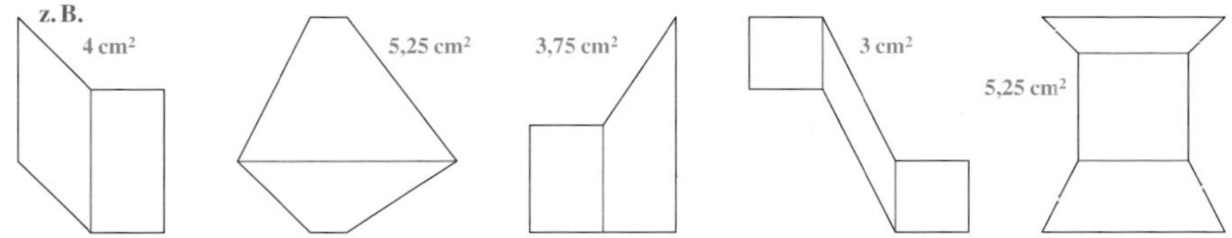

4 Gib zwei unterschiedliche Zerlegungen in Teilflächen an. Berechne jeweils dementsprechend den Flächeninhalt.

Starthilfe: Überlege, welche Flächeninhalte du berechnen kannst.

z. B. linke Zerlegung:
$A_1 = \frac{3\,cm \cdot 1\,cm}{2} = 1{,}5\,cm^2$ $A_2 = \frac{2\,cm \cdot 3\,cm}{2} = 3\,cm^2$

$A = 1{,}5\,cm^2 + 3\,cm^2 = 4{,}5\,cm^2$

z. B. rechte Zerlegung:
$A_1 = 2\,cm \cdot 1{,}5\,cm = 3\,cm^2$ $A_2 = \frac{2\,cm \cdot 1{,}5\,cm}{2} = 1{,}5\,cm^2$

$A = 3\,cm^2 + 1{,}5\,cm^2 = 4{,}5\,cm^2$

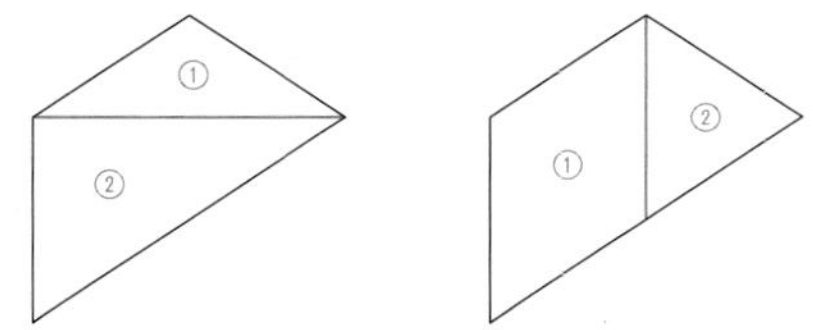

Anwenden und Vernetzen

5 Sechseck

Starthilfe: $u = a + b + c + d + \ldots$

a) Berechne den Umfang u der Figur.

$u = 5\,cm + 2\,cm + 2{,}5\,cm + 1{,}5\,cm + 1{,}3\,cm + 2{,}5\,cm$

$u = 14{,}8\,cm$

b) Xavier sagt: „Der Flächeninhalt beträgt $10\,cm^2$.“
Begründe dies mithilfe eines Rechtecks.

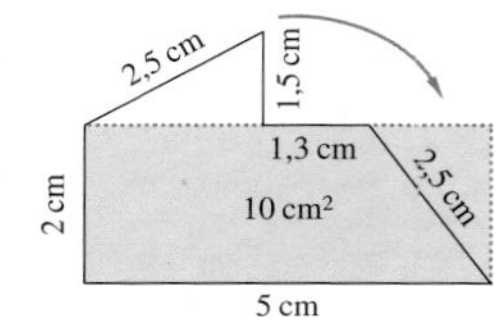

6 Puzzle

a) Welche der Flächen ① bis ④ hat den kleinsten Flächeninhalt?
Alle vier Flächen sind gleich groß, da sie aus den gleichen Teilen bestehen.

b) Welche der Flächen ① bis ④ hat den kleinsten Umfang?
Fläche ③ hat den kleinsten Umfang.

c) Fläche ⑤ ist aus den gleichen Teilen zusammensetzbar wie die anderen vier Flächen.
Zeichne entsprechende Linien ein.
Hinweis: Lege die Fläche aus derartigen Teilen.

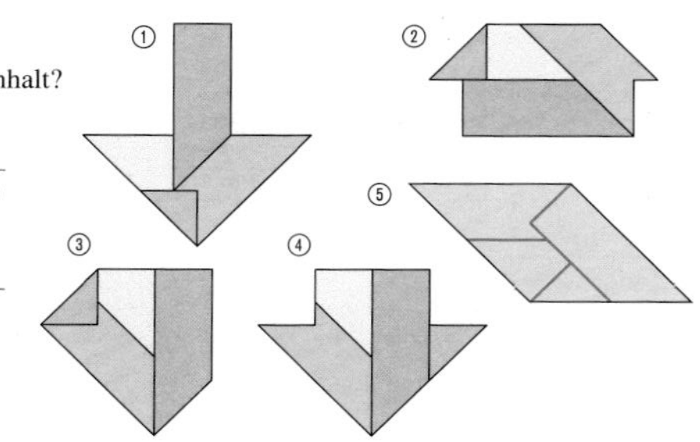

Gleichungen durch Probieren lösen

▶ Grundwissen

Wenn eine Zahl für die Variable in eine Gleichung eingesetzt wird und die Terme auf beiden Seiten den gleichen Wert ergeben, dann ist die Zahl eine Lösung der Gleichung.

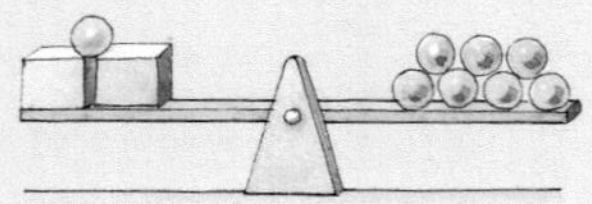

Beispiel: $2 \cdot x + 1 = 7$ $x = 3$
Die Zahl 3 ist Lösung der Gleichung, denn $2 \cdot 3 + 1 = 7$.
Die Zahl 4 ist keine Lösung der Gleichung, denn $2 \cdot 4 + 1 \neq 7$.

Trainieren

1 Setze „=" bzw. „≠" ein.   Starthilfe „≠" steht für ungleich.

a) $2 \cdot 5 + 1$ [=] 11   b) $2 \cdot 7 + 1$ [≠] 11   c) $8 : 4 + 1$ [≠] 7   d) $8 : 2 + 1$ [≠] 7

e) $16 : 2 + 1$ [=] 9   f) $3 \cdot 5 - 1$ [=] 14   g) $20 : 5 - 1$ [=] 3   h) $2 \cdot 7 + 5$ [≠] 7

2 Setze jeweils zuerst nacheinander 3; 4; 5; 6 und „=" bzw. „≠" ein. Gib danach die Lösung an.   Starthilfe 3 $+ 3 \neq 9$; 4 $+ 3 \neq 9$

a) 3 + 3 [≠] 9   4 + 3 [≠] 9   5 + 3 [≠] 9   6 + 3 [=] 9

Die Zahl 6 ist Lösung der Gleichung $x + 3 = 9$.

b) 2 · 3 + 1 [≠] 13   2 · 4 + 1 [≠] 13   2 · 5 + 1 [≠] 13   2 · 6 + 1 [=] 13

Die Zahl 6 ist Lösung der Gleichung $2 \cdot x + 1 = 13$.

c) 5 · 3 + 3 [≠] 23   5 · 4 + 3 [=] 23   5 · 5 + 3 [≠] 23   5 · 6 + 3 [≠] 23

Die Zahl 4 ist Lösung der Gleichung $5 \cdot x + 3 = 23$.

3 Ergänze jeweils zuerst die Tabellen. Gib danach die Lösung an.   Starthilfe $5 \cdot 1 = 5$ $5 \cdot 3 = 15$

a) Gleichung $5 \cdot x = 35$

x	1	3	5	7
$5 \cdot x$	5	15	25	35

Die Zahl 7 ist Lösung der Gleichung.

b) Gleichung $4 \cdot x = 24$

x	2	4	6	8
$4 \cdot x$	8	16	24	32

Die Zahl 6 ist Lösung der Gleichung.

c) Gleichung $3 \cdot x + 1 = 7$

x	0	1	2	3
$3 \cdot x + 1$	1	4	7	10

Die Zahl 2 ist Lösung der Gleichung.

d) Gleichung $2 \cdot x - 2 = 14$

x	0	8	9	10
$2 \cdot x - 2$	–2	14	16	18

Die Zahl 8 ist Lösung der Gleichung.

e) Gleichung $4 \cdot y + 10 = 50$

y	0	1	5	10
$4 \cdot y + 10$	10	14	30	50

Die Zahl 10 ist Lösung der Gleichung.

f) Gleichung $7 \cdot a - 5 = 16$

a	0	3	5	9
$7 \cdot a - 5$	–5	16	30	58

Die Zahl 3 ist Lösung der Gleichung.

4 Ergänze.

a) $a + 3 = 15$ Die Zahl 12 ist Lösung der Gleichung, denn 12 + 3 = 15.
b) $6 + b = 13$ Die Zahl 7 ist Lösung der Gleichung, denn 6 + 7 = 13.
c) $20 - c = 11$ Die Zahl 9 ist Lösung der Gleichung, denn 20 − 9 = 11.
d) $9 \cdot d = 72$ Die Zahl 8 ist Lösung der Gleichung, denn 9 · 8 = 72.
e) $16 : e = 4$ Die Zahl 4 ist Lösung der Gleichung, denn 16 : 4 = 4.
f) $f \cdot 11 = 66$ Die Zahl 6 ist Lösung der Gleichung, denn 6 · 11 = 66.
g) $g : 2 = 7$ Die Zahl 14 ist Lösung der Gleichung, denn 14 : 2 = 7.

Lösungen zum Abstreichen:
4
6
7
8
9
12
14

5 Setze die Lösungen ein.

a) 12 + 12 = 24   b) 5 + 15 = 20   c) 9 + 8 = 17
d) 15 − 4 = 11   e) 26 − 10 = 16   f) 50 − 2 = 48
g) 2 · 11 = 22   h) 4 · 20 = 80   i) 5 · 10 = 50
j) 20 : 5 = 4   k) 100 : 4 = 25   l) 81 : 9 = 9
m) 3 · 5 + 2 = 17   n) 4 · 5 − 1 = 19   o) 10 · 9 + 10 = 100
p) 10 : 2 + 1 = 6   q) 15 : 3 − 5 = 0   r) 250 : 5 + 10 = 60

Anwenden und Vernetzen

6 Ordne jedem Text eine passende Gleichung und deren Lösung zu.

Addiert man 3 zu der gesuchten Zahl, so ist das Ergebnis 150.	$x : 2 = 150$	152
Subtrahiert man 2 von der gesuchten Zahl, so ist das Ergebnis 150.	$x - 2 = 150$	147
Verdreifacht man die gesuchte Zahl, so ist das Ergebnis 150.	$x + 3 = 150$	300
Halbiert man die gesuchte Zahl, so ist das Ergebnis 150.	$3 \cdot x = 150$	50

7 Mit einem 50 m langen Band wurde eine 15 m breite rechteckige Fläche abgegrenzt. Berechne die Länge der Fläche.

a) Kreuze die dazu passenden Gleichungen an.

☐ $4 \cdot x = 50\,m$
☒ $2 \cdot x + 2 \cdot 15\,m = 50\,m$
☒ $x + 15\,m + x + 15\,m = 50\,m$
☐ $2 \cdot x + 15\,m = 50\,m$

b) Gib die Länge der Fläche an. 10 m

Gleichungen durch Umformen lösen

Grundwissen

Gleichungen werden durch Umformen gelöst.
Man darf dazu auf beiden Seiten
- den gleichen Term subtrahieren,
- den gleichen Term addieren,
- durch den gleichen Term (≠ 0) dividieren,
- mit dem gleichen Term (≠ 0) multiplizieren.

Beispiel:

$-4 + 4x = 2 + x \quad | -x$
$-4 + 3x = 2 \quad | +4$
$3x = 6 \quad | :3$
$x = 2$

Trainieren

1 Wie viele ○ sind so schwer wie ein ☒? Ergänze die Gleichungen bzw. die Zeichnungen.

Starthilfe 1. Alle ☒ auf eine Seite. 2. Alle ○ auf die andere Seite.

a)
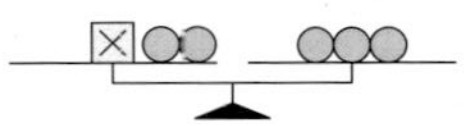
$x + 2 = 3 \quad | -2$
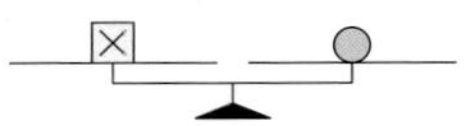
$x = 1$

b)
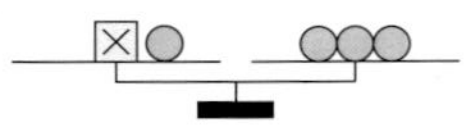
$x + 1 = 3 \quad | -1$
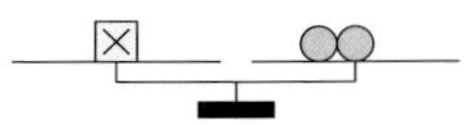
$x = 2$

c)
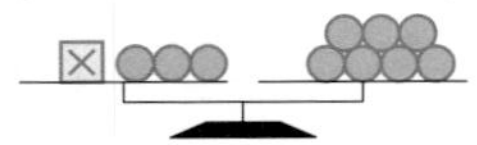
$x + 3 = 7 \quad | -3$
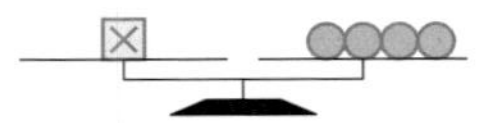
$x = 4$

d)
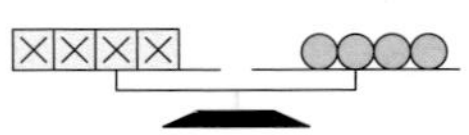
$4x = 4 \quad | :4$
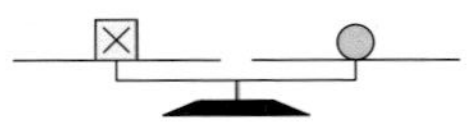
$x = 1$

e)
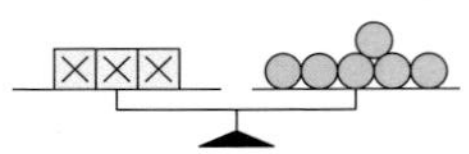
$3x = 6 \quad | :3$
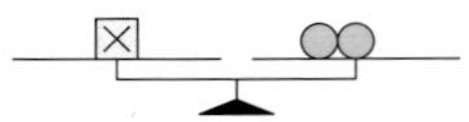
$x = 2$

f)
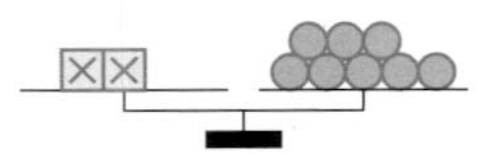
$2x = 8 \quad | :2$
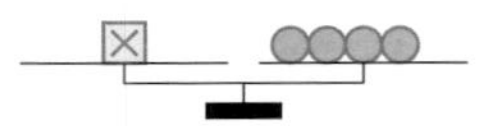
$x = 4$

g)
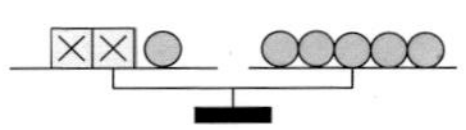
$2x + 1 = 5 \quad | -1$
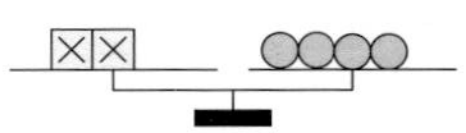
$2x = 4 \quad | :2$
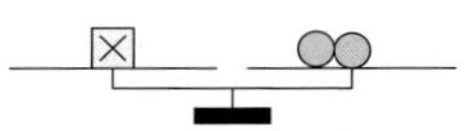
$x = 2$

h)
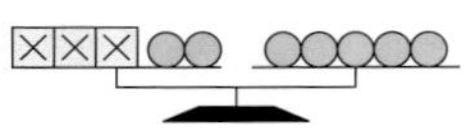
$3x + 2 = 5 \quad | -2$
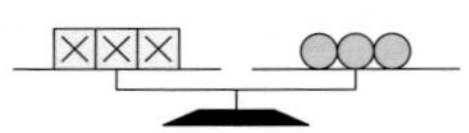
$3x = 3 \quad | :3$
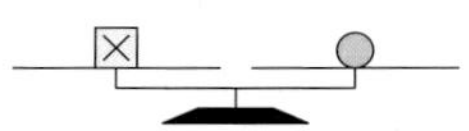
$x = 1$

i)
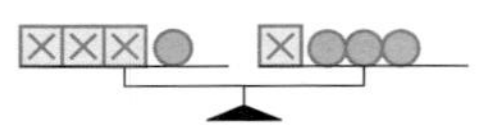
$3x + 1 = x + 3 \quad | -x-1$
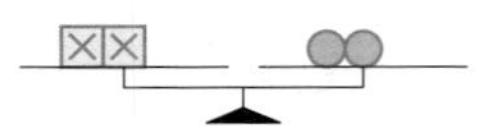
$2x = 2 \quad | :2$
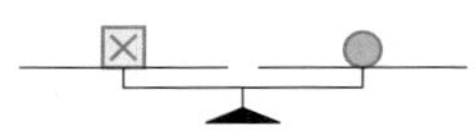
$x = 1$

2 Gib jeweils die ausgeführten Umformungen bzw. fehlenden Lösungsschritte an.

Starthilfe Umkehroperationen: „+" und „−" „·" und „:"

a) $x + 6 = 8 \quad | -6$
$x = 2$

b) $x - 2 = 2 \quad | +2$
$x = 4$

c) $x - 5 = 0 \quad | +5$
$x = 5$

d) $5x = 5 \quad | :5$
$x = 1$

e) $\frac{1}{2}x = 4 \quad | \cdot 2$
$x = 8$

f) $\frac{1}{2}x = 5 \quad | \cdot 2$
$x = 10$

g) $2x + 6 = 10 \quad | -6$
$2x = 4 \quad | :2$
$x = 2$

h) $6x - 6 = 0 \quad | +6$
$6x = 6 \quad | :6$
$x = 1$

i) $2x - 8 = 10 \quad | +8$
$2x = 18 \quad | :2$
$x = 9$

j) $3x + 2 = x + 4 \quad | -3$
$3x = x + 2 \quad | -x$
$2x = 2 \quad | :2$
$x = 1$

k) $6x - 5 = 2x + 15 \quad | +5$
$6x = 2x + 20 \quad | -2x$
$4x = 20 \quad | :4$
$x = 5$

l) $2x - 1 = -x + 5 \quad | +1$
$2x = -x + 6 \quad | +x$
$3x = 6 \quad | :3$
$x = 2$

3 Löse die Gleichungen.

Starthilfe 1. Alle x auf die Seite mit den bisher meisten x. 2. Alles ohne x auf die andere Seite.

$11x = 45 + 2x \quad | -2x$
$9x = 45 \quad | :9$
$x = 9$

$2x - 7 = 1 \quad | +7$
$2x = 8 \quad | :2$
$x = 4$

$7x + 4 = 2x + 14 \quad | -2x$
$5x + 4 = 14 \quad | -4$
$5x = 10 \quad | :5$
$x = 2$

Anwenden und Vernetzen

4 Kenny und Yvonne gehen mit ihrem Vater zum Fest. Beide bekommen von ihrem Vater gleich viel Geld. Kenny gibt alles für 5 Achterbahnfahrten aus. Jenny fährt 3-mal mit der Achterbahn und hat noch 8 Euro übrig.

a) Kreuze die passende Gleichung zur Berechnung der Kosten einer Achterbahnfahrt an.

☐ $3a = 5a + 8$ ☐ $3a + 5a = 8$
☐ $5a = 8 - 3a$ ☒ $5a = 3a + 8$

b) Berechne, wie viel eine Achterbahnfahrt kostet.

Eine Achterbahnfahrt kostet 4 Euro.

$5a = 3a + 8 \quad | -3a$
$2a = 8 \quad | :2$
$a = 4$

c) Berechne, wie viel Geld jeder vom Vater bekommen hat.

Jeder hat 20 Euro erhalten.

$5 \cdot 4€ = 20€$

Prozentangaben

▶ Grundwissen

Brüche mit dem Nenner 100 können leicht als Dezimalzahl und in Prozentschreibweise angegeben werden.

Es gilt: $\frac{1}{100} = 0{,}01 = 1\,\%$

Beispiele:

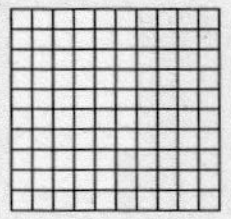

$\frac{57}{100} = 57\,\%$

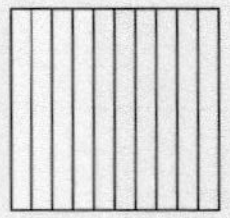

$\frac{4}{10} = \frac{40}{100} = 40\,\%$

$0{,}27 = \frac{27}{100} = 27\,\%$

Trainieren

1 Hundertstel und Prozente

Starthilfe 10 von 100 Kästchen sind grün. Es sind $\frac{10}{100} = 10\,\%$.

a) Vervollständige die Tabelle.

	Kästchen	Hundertstel	Prozent
grün	10	$\frac{10}{100}$	10 %
blau	40	$\frac{40}{100}$	40 %
gelb	15	$\frac{15}{100}$	15 %
rot	35	$\frac{35}{100}$	35 %

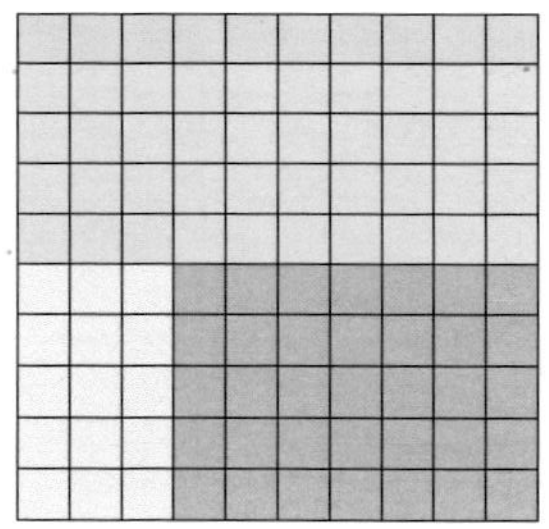

b) Vervollständige die Tabelle und die Zeichnung.

	Kästchen	Fünfzigstel	Hundertstel	Prozent
grün	5	$\frac{5}{50}$	$\frac{10}{100}$	10 %
blau	15	$\frac{15}{50}$	$\frac{30}{100}$	30 %
gelb	10	$\frac{10}{50}$	$\frac{20}{100}$	20 %
rot	20	$\frac{20}{50}$	$\frac{40}{100}$	40 %

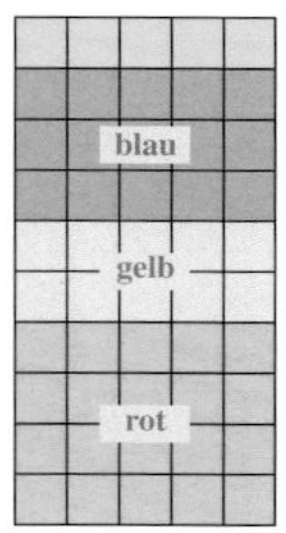

2 Ergänze.

Starthilfe $\frac{1}{50} = \frac{2}{100} = 0{,}02 = 2\,\%$

Bruch	$\frac{1}{50}$	$\frac{1}{100}$	$\frac{1}{10}$	$\frac{1}{2}$	$\frac{1}{4}$	$\frac{3}{4}$	1
Hundertstel	$\frac{2}{100}$	$\frac{1}{100}$	$\frac{10}{100}$	$\frac{50}{100}$	$\frac{25}{100}$	$\frac{75}{100}$	$\frac{100}{100}$
Dezimalzahl	0,02	0,01	0,1	0,5	0,25	0,75	1
Prozentschreibweise	2 %	1 %	10 %	50 %	25 %	75 %	100 %

3 Vergleiche.

Starthilfe

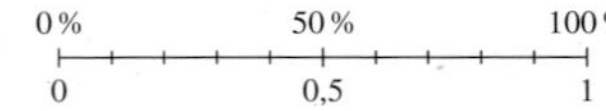

a) 1 % < 1 b) 50 % > 0,1 c) 100 % = 1 d) 10 % > 0,01

e) 0,9 = 90 % f) 0,5 > 2 % g) 0,08 < 80 % h) 0,4 = 40 %

i) $\frac{1}{4}$ < 60 % j) $\frac{3}{4}$ > 25 % k) $\frac{1}{10}$ = 10 % l) $\frac{1}{100}$ < 100 %

m) 50 % = $\frac{1}{2}$ n) 10 % < $\frac{100}{100}$ o) 30 % = $\frac{3}{10}$ p) 5 % < 0,4

4 Gib jeweils den eingefärbten Anteil in Prozent an.

Starthilfe Erweitere auf Hundertstel. $\frac{1}{2} = \frac{50}{100} = 50\,\%$

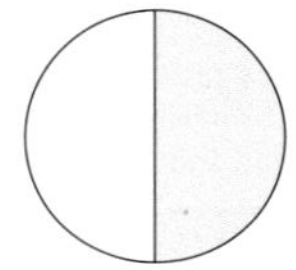

50 %

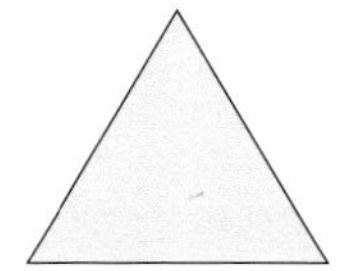

100 %

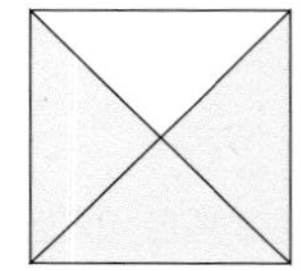

75 %

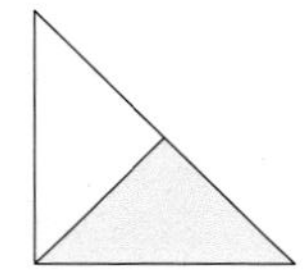

50 %

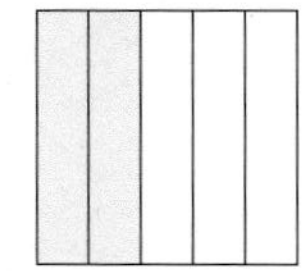

40 %

5 Färbe jeweils den entsprechenden Anteil ein.

Starthilfe Kürze die Hundertstel. $25\,\% = \frac{25}{100} = \frac{1}{4}$

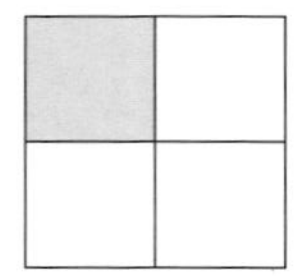

25 %

100 %

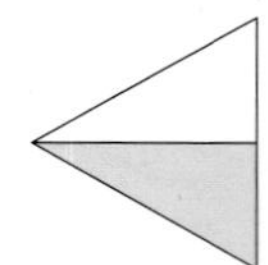

50 %

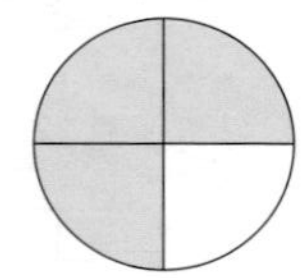

75 %

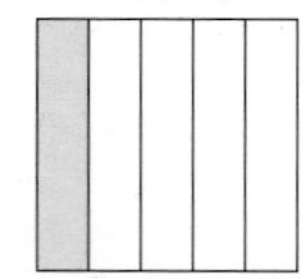

20 %

Anwenden und Vernetzen

6 Bei einem Quizspiel sind in der ersten Runde jeweils 50 Fragen zu beantworten. Wer mindestens 75 % richtige Antworten gegeben hat, kommt in die zweite Runde.

Name	richtige Antworten	Anteil richtiger Antworten als Bruch	in Prozent
Jamila	26	$\frac{26}{50}$	52 %
Erkan	46	$\frac{46}{50}$	92 %
Ayla	32	$\frac{32}{50}$	64 %
Kira	40	$\frac{40}{50}$	80 %
Ennis	28	$\frac{28}{50}$	56 %
Moritz	32	$\frac{32}{50}$	64 %

a) Ermittle mithilfe der Tabelle, wer in die zweite Runde kommt.

Erkan und Kira kommen in die zweite Runde.

b) Einen Trostpreis erhalten diejenigen, die weniger als 75 %, jedoch mindestens 60 % richtige Antworten haben. Wer bekommt einen Trostpreis?

Ayla und Moritz bekommen einen Trostpreis.

c) In der zweiten Runde werden jeweils 25 Fragen gestellt. Wer mindestens 90 % davon richtig beantwortet, kommt weiter. Reichen 22 richtige Antworten dafür aus?

$\frac{22}{25} = \frac{88}{100} = 88\,\%$ $\frac{23}{25} = \frac{92}{100} = 92\,\%$

Mit 22 richtigen Antworten kommt man nicht weiter. Man muss mindestens 23 Fragen richtig beantworten.

d) Ermittle den Anteil aller richtigen Antworten der sechs Quizteilnehmer.

$26 + 46 + 32 + 40 + 28 + 32 = 204$ $6 \cdot 50 = 300$ $\frac{204}{300} = \frac{68}{100} = 68\,\%$ 68 % aller Antworten waren richtig.

Begriffe der Prozentrechnung

▶ Grundwissen

In der Prozentrechnung unterscheidet man zwischen
Prozentsatz p%, (Anteil eines Ganzen), Prozentwert W (Größe eines Anteils) und Grundwert G. (Größe eines Ganzen)

Beispiele:

Wie viel Prozent sind 7 Schüler von 20 Schülern?

	Schüler	Anteil (p%)	
: 20	20	100%	: 20
· 7	1	5%	· 7
	7	35%	

Ermittle 16% von 50 Schülern.

	Anteil (p%)	Schüler	
: 100	100%	50	: 100
· 16	1%	0,5	· 16
	16%	8	

50 Schüler sind bereits angemeldet. Das sind 20%. Gib die Gesamtzahl an.

	Anteil (p%)	Schüler	
: 20	20%	50	: 20
· 100	1%	2,5	· 100
	100%	250	

Trainieren

1 Berechne je zweimal den Prozentsatz, den Prozentwert und den Grundwert mithilfe des Dreisatzes.

Starthilfe
1. Aufschreiben der gegebenen Größen.
2. Schluss auf Eins.
3. Schluss auf das Gesuchte.

a) Wie viel Prozent sind 4 von 20 Autos?

	Autos	Anteil (p%)	
: 20	20	100%	: 20
· 4	1	5%	· 4
	4	20%	

4 von 20 Autos sind 20%.

b) Wie viel Prozent sind 3 von 5 Aufgaben?

	Aufgaben	Anteil (p%)	
: 5	5	100%	: 5
· 3	1	20%	· 3
	3	60%	

3 von 5 Aufgaben sind 60%.

c) Wie viel sind 15% von 400 Spielern?

	Anteil (p%)	Spieler	
: 100	100%	400	: 100
· 15	1%	4	· 15
	15%	60	

15% von 400 Spielern sind 60 Spieler.

d) Wie viel sind 6% von 200 Flaschen?

	Anteil (p%)	Flaschen	
: 100	100%	200	: 100
· 6	1%	2	· 6
	6%	12	

6% von 200 Flaschen sind 12 Flaschen.

e) 5% sind 25 Punkte. Wie viel sind 100%?

	Anteil (p%)	Punkte	
: 5	5%	25	: 5
· 100	1%	5	· 100
	100%	500	

100% sind 500 Punkte.

f) 9% sind 180 Einwohner. Wie viel sind 100%?

	Anteil (p%)	Einwohner	
: 9	9%	180	: 9
· 100	1%	20	· 100
	100%	2000	

100% sind 2000 Einwohner.

2 Berechne mithilfe des Dreisatzes oder der Formeln.
Hinweis: Rechne gegebenenfalls auf einem zusätzlichen Blatt.

Starthilfe $p\% = \frac{W}{G}$ $G = \frac{W \cdot 100}{p}$ $W = \frac{p \cdot G}{100}$

Prozentsatz p%	10%	20%	50%	25%	1%	5%	90%
Grundwert G	100 €	50 €	48 €	180 €	150 €	80 €	200 €
Prozentwert W	10 €	10 €	24 €	45 €	1,50 €	4 €	180 €

3 Die Länge des dickeren, schwarzen Rahmens stellt jeweils den anfänglichen Grundwert dar.

Starthilfe
0% 100% 150% (+50%)
Der Grundwert wurde um 50% erhöht.
Der Grundwert wurde auf 150% erhöht.

a) Ergänze die Sätze.

Der Grundwert wurde um 30 % erhöht.

Der Grundwert wurde um 10 % verringert.

Der Grundwert wurde auf 90 % reduziert.

Der Grundwert wurde auf 200 % erhöht.

b) Veranschauliche jeweils den erhöhten bzw. den verringerten Grundwert.

Der Grundwert wurde um 30% verringert.

Der Grundwert wurde um 10% erhöht.

Der Grundwert wurde auf 70% reduziert.

Der Grundwert wurde auf 120% erhöht.

Anwenden und Vernetzen

4 Julian sagt: „Ich habe 36 Seiten der insgesamt 40 Seiten meines Buches gelesen.“
Hasan sagt: „Ich bin in meinem Buch auch auf Seite 36, habe aber erst ca. 20% des Buches gelesen.“

a) Wie viel Prozent seines Buches hat Julian schon gelesen?

z. B.
$p\% = \frac{36 \text{ Seiten}}{40 \text{ Seiten}} = 0{,}9 = 90\%$ 90% des Buches hat Julian gelesen.

b) Wie viele Seiten hat Hasans Buch?

z. B.
$G = \frac{36 \text{ Seiten} \cdot 100}{20} = 180$ Seiten Hasans Buch hat 180 Seiten.

5 Ayse möchte einen Pulli und ein Kleid während einer Sonderaktion kaufen. wird erst beim Bezahlen der Preis jedes Pullis um 15% und jedes Kleides um 30% reduziert.
Auf dem Preisschild des Pullis steht 40 € und auf dem des Kleides 50 €.
Berechne den Gesamtpreis, den sie aufgrund der Sonderaktion nur zu zahlen hat.

z. B.

Preis des Pullis:	15% von 40 Euro sind 6 Euro.	40 € − 6 € = 34 €	Der Pulli kostet nur 34 Euro.
Preis des Kleides:	30% von 50 Euro sind 15 Euro.	50 € − 15 € = 35 €	Das Kleid kostet nur 35 Euro.
Gesamtpreis:	34 € + 35 € = 69 €		

69 € beträgt der Gesamtpreis während der Sonderaktion.

Sachaufgaben zur Prozentrechnung

Grundwissen

Schrittfolge beim Lösen von Sachaufgaben zur Prozentrechnung.
1. Schritt: **Lies** die Aufgabe gründlich durch.
2. Schritt: Überlege, welches der **Grundwert**, welches der **Prozentsatz** und welches der **Prozentwert** ist.
3. Schritt: Entscheide dich für einen **Lösungsweg** und berechne das Ergebnis.
4. Schritt: Überprüfe, ob dein Ergebnis stimmen kann. **Passt es** zum Überschlag und zum Aufgabentext?
5. Schritt: Formuliere einen sinnvollen **Antwortsatz**.

Trainieren

1 Unterstreiche jeweils mit unterschiedlichen Farben.

Starthilfe

☐ Grundwert —— Der Grundwert gibt die Größe des Ganzen an.
☐ Prozentsatz - - - - - Der Prozentsatz gibt den Anteil vom Ganzen an.
☐ Prozentwert ～～～ Der Prozentwert gibt die Größe des Anteils an.

a) 12 Schüler der insgesamt 20 Schüler der Klasse 8b sind Jungen. Das sind 60 %.
b) Butter besteht zu knapp 16 % aus Wasser. In 250 g Butter sind damit ca. 40 g Wasser enthalten.
c) 30 %, also 90 km der 300 km langen Strecke ist Frau Schmidt schon gefahren.
d) Herr Meier spart jeden Monat 100 €. Das sind 5 % seines Monatseinkommens von 2 000 €.
e) Die Miete soll von jetzt 600 € um 8 % erhöht werden. Es müssen also 48 € mehr gezahlt werden.
f) Frau Siewert muss auf ihr Gehalt 7 % Steuern zahlen. Bei ihrem Gehalt von 1500 € beträgt der Steueranteil 105 €.

2 Kreuze jeweils zuerst an, was gesucht ist.
Berechne danach das Ergebnis.
Hinweis: Nutze wenn nötig ein zusätzliches Blatt.

Starthilfe
1. Unterstreiche wie in Aufgabe 1.
2. Berechne mit dem Dreisatz oder $G = \frac{W \cdot 100}{p}$; $W = \frac{p \cdot G}{100}$; $p\,\% = \frac{W}{G}$.

a) 1 kg Brot enthält ca. 400 g Wasser.
Wie viel Prozent sind das? ☐ G ☒ $p\,\%$ ☐ W
z. B.
$p\,\% = \frac{400\,g}{1000\,g} = 0{,}4 = 40\,\%$

b) 20 % der insgesamt 25 Schüler waren letzte Woche krank.
Wie viele Schüler waren krank? ☐ G ☐ $p\,\%$ ☒ W
z. B.
$W = \frac{20 \cdot 25\text{ Schüler}}{100} = 5$ Schüler

c) Der Mantel ist jetzt 12 € billiger. Er wurde um 10 % reduziert.
Was kostete er ursprünglich? ☒ G ☐ $p\,\%$ ☐ W
z. B.
$G = \frac{12\,€ \cdot 100}{10} = 120\,€$

d) 40 Gäste waren eingeladen, davon sind 90 % gekommen.
Wie viele Gäste waren da? ☐ G ☐ $p\,\%$ ☒ W
z. B.
$W = \frac{90 \cdot 40\text{ Gäste}}{100} = 36$ Gäste

e) 60 Bäume stehen im Park, 9 davon sind Kastanien.
Wie viel Prozent der Bäume sind Kastanien? ☐ G ☒ $p\,\%$ ☐ W
z. B.
$p\,\% = \frac{9\text{ Bäume}}{60\text{ Bäume}} = 0{,}15 = 15\,\%$

f) Max hat im Test 40 Punkte erreicht. Das sind 80 %.
Wie viele Punkte waren zu erreichen? ☒ G ☐ $p\,\%$ ☐ W
z. B.
$G = \frac{40\text{ Punkte} \cdot 100}{80} = 50$ Punkte

3 Bewerte jeweils beide Antwortsätze zu Aufgabe 2.

Starthilfe
1. Ist das Ergebnis rechnerisch richtig?
2. Passt die Antwort zum Aufgabentext?

	richtig	falsch	passend	nicht passend
zu a) „Brot hat einen Wasseranteil von ca. 40 %."	☒	☐	☒	☐
„Brot enthält genau 40 % Wasser."	☐	☒	☐	☒
zu b) „5 Schüler entsprechen 20 %."	☒	☐	☐	☒
„5 Schüler waren letzte Woche krank."	☒	☐	☒	☐
zu c) „Der Mantel kostete vorher 120 €."	☒	☐	☒	☐
„Der Mantel kostete vorher 12 € mehr."	☒	☐	☐	☒
zu d) „36 Gäste waren eingeladen."	☐	☒	☐	☒
„36 Gäste sind gekommen."	☒	☐	☒	☐
zu e) „15 % der Bäume sind Kastanien."	☒	☐	☒	☐
„9 Bäume sind Kastanien."	☒	☐	☐	☒
zu f) „40 Punkte waren höchstens erreichbar."	☐	☒	☐	☒
„Die Gesamtpunktzahl des Tests war 50."	☒	☐	☒	☐

Anwenden und Vernetzen

4 1 kg Wassermelone besteht zu ca. 90 % aus Wasser.
Wie groß ist der Wassergehalt?
Kreuze den entsprechenden Antwortsatz an.

Starthilfe 1 kg = 1000 g

☐ 90 % Wassermelone wiegen 900 g.
☐ 900 g Wasser entsprechen 90 %.
☒ 1 kg Wassermelone enthält ca. 900 g Wasser.
☐ 1 kg Wassermelone enthält ca. 90 g Wasser.
☐ 1 kg Wassermelone enthält ca. 0,90 g Wasser.

5 Herr Schlau hat ein monatliches Einkommen von 1 650 €.
In der Tabelle hat er für den nächsten Monat seine geplanten Ausgaben eingetragen.
Finde die Fehler bzw. die unsinnigen Angaben in der Tabelle.
Gib auch die richtigen Werte an.
Hinweis: Nutze wenn nötig zum Rechnen ein zusätzliches Blatt.

Schlaus Einkommen	1650€
Miete	- 525€
Strom	- 62€
Telefon und Internet	- 36€
Versicherungen	- 65€
Fahrgeld	- 55€
20 % für den täglichen Bedarf	- 230€
5 % für Kleidung	- 156€
sonstige Ausgaben	- 112€
Sparbetrag	- 400€
	0,00€

1. Fehler: **20 % des Einkommens sind 330 €.**

2. Fehler: **5 % des Einkommens sind 82,50 €.**

3. Fehler: **Nach Korrektur des 1. und 2. Fehlers wären die Ausgaben 17,50 € höher als sein Einkommen.**

z. B.
Unsinnige Angaben: **Die „sonstigen Ausgaben" sind unsinnig genau.**

Begriffe der Zinsrechnung

▶ Grundwissen

In der Zinsrechnung sind die Bezeichnungen anders als in der Prozentrechnung, man unterscheidet zwischen
Zinssatz p% (p. a.), (Prozentsatz p%) Jahreszinsen Z (Prozentwert W) und Kapital K. (Grundwert G)

Beispiele:

Für das Leihen von 200 € sind nach einem Jahr 40 € zu zahlen. Berechne den Zinssatz.

	Betrag in €	Anteil (p%)	
: 200	200	100 %	: 200
· 40	1	0,5 %	· 40
	40	20 %	

Der Zinssatz für geduldete Überziehung beträgt 12 %. Berechne die Jahreszinsen für 50 €.

	Anteil (p%)	Betrag in €	
: 100	100 %	50	: 100
· 12	1 %	0,5	· 12
	12 %	6	

50 € Zinsen wurden nach einem Jahr gezahlt. Der Zinssatz war 2 % p. a. Berechne das Anfangskapital.

	Anteil (p%)	Betrag in €	
: 2	2 %	50	: 2
· 100	1 %	25	· 100
	100 %	2 500	

Trainieren

1 Berechne je zweimal den Zinssatz, die Jahreszinsen und das Kapital mithilfe des Dreisatzes.

Starthilfe 1. Aufschreiben der gegebenen Größen. 2. Schluss auf Eins. 3. Schluss auf das Gesuchte.

a) 4 € Zinsen waren für 50 € nach einem Jahr zu zahlen.

	Betrag in €	Anteil (p%)	
: 50	50	100 %	: 50
· 4	1	2 %	· 4
	4	8 %	

8 % p. a. betrug der Zinssatz.

b) Für 200 € wurden nach einem Jahr 6 € Zinsen gezahlt.

	Betrag in €	Anteil (p%)	
200	200	100 %	**: 200**
· 6	1	0,5 %	**· 6**
	6	3 %	

3 % p. a. betrug der Zinssatz.

c) Berechne die Jahreszinsen bei 9 % p.a. für 300 €.

	Anteil (p%)	Betrag in €	
: 100	100 %	300	**: 100**
· 9	1 %	3	**· 9**
	9 %	27	

27 € betragen die Jahreszinsen.

d) 800 € werden geborgt. Der Zinssatz beträgt 15 % p.a.

	Anteil (p%)	Betrag in €	
100	100 %	800	**: 100**
· 15	1 %	8	**· 15**
	15 %	120	

120 € betragen die Jahreszinsen.

e) 35 € Zinsen gab es nach einem Jahr bei 7 % p.a.

	Anteil (p%)	Betrag in €	
: 7	7 %	35	**: 7**
· 100	1 %	5	**· 100**
	100 %	500	

500 € betrug das Anfangskapital.

f) Bei 4 % p.a. gab es nach einem Jahr 160 € Zinsen.

	Anteil (p%)	Betrag in €	
: 4	4 %	160	**: 4**
· 100	1 %	40	**· 100**
	100 %	4 000	

4 000 € betrug das Anfangskapital.

2 Berechne mithilfe des Dreisatzes oder der Formeln. Starthilfe $p\% = \frac{Z}{K}$ $K = \frac{Z \cdot 100}{p}$ $Z = \frac{p \cdot K}{100}$
Hinweis: Rechne gegebenenfalls auf einem zusätzlichen Blatt.

Zinssatz p% (p.a.)	10 %	1 %	3 %	5 %	1 %	4 %	11,5 %
Kapital K	200 €	400 €	**600 €**	**900 €**	1 000 €	2 000 €	5 000 €
Jahreszinsen Z	**20 €**	**4 €**	18 €	45 €	10 €	80 €	575 €

3 Ergänze. Starthilfe Rechne mit Dreisatz wie bei Aufgabe 1 oder mit den Formeln wie bei Aufgabe 2.
Hinweis: Rechne gegebenenfalls auf einem zusätzlichen Blatt.

a) Herr Barak leiht sich für ein Jahr 200 € und zahlt dafür 18 € Jahreszinsen. Der Zinssatz beträgt **9 %**.

b) Frau Kaleli legt für ein Jahr 1 000 € an und erhält dafür 20 € Jahreszinsen. Der Zinssatz beträgt **2 %**.

c) Herr Jonasson legt für ein Jahr 3 000 € an und erhält dafür 60 € Jahreszinsen. Der Zinssatz beträgt **2 %**.

d) Herr Mlosic leiht sich für ein Jahr 500 € zu einem Zinssatz von 11 %. Die Jahreszinsen betragen **55 €**.

e) Frau Karras legt für ein Jahr 2 000 € zu einem Zinssatz von 3 % an. Die Jahreszinsen betragen **60 €**.

f) Familie Wiesen legt für ein Jahr 2 500 € zu einem Zinssatz von 2 % an. Die Jahreszinsen betragen **50 €**.

g) Frau Haddad zahlte bei einem Zinssatz von 10 % nach einem Jahr 200 € Zinsen. Sie lieh sich **2 000 €**.

h) Herr Kleist erhielt bei einem Zinssatz von 2 % nach einem Jahr 46 € Zinsen. Er legte **2 300 €** an.

i) Familie Schmidt erhielt bei einem Zinssatz von 1,5 % nach einem Jahr 45 € Zinsen. Sie legte **3 000 €** an.

Anwenden und Vernetzen

4 Frau Schmidt legte 6 000 € für ein Jahr bei der Hyper-Bank an.
Ihr werden nach Ablauf eines Jahres 120 € Zinsen und die 6 000 € Anfangskapital ausgezahlt, also insgesamt 6 120 €.

a) Ermittle den Zinssatz.

$p\% = \frac{120\,€}{6\,000\,€} = \frac{2}{100} = 2\%$ Der Zinssatz beträgt 2 % p.a.

b) Frau Schmidt möchte erneut 6 000 € für ein Jahr anlegen.
Die Super-Bank wirbt mit einem Zinssatz von 2,5 % p.a.
Berechne, wie viel sie von der Bank nach einem Jahr insgesamt ausgezahlt bekommen kann.

$Z = \frac{2{,}5 \cdot 6\,000\,€}{100} = 150\,€$ 6 000 € + 150 € = 6 150 € Sie kann insgesamt 6150 € ausgezahlt bekommen.

c) An der Giga-Bank steht:

„... bis zu 2 100 € Jahreszinsen bei einem Zinssatz von 3 % p.a."

Ermittle, wie viel Euro man höchstens nach einem Jahr bei diesem Angebot ausgezahlt bekommen kann.

$K = \frac{2\,100\,€ \cdot 100}{3} = 70\,000\,€$ 70 000 € + 2 100 € = 72 100 €

Höchstens 72 100 € kann man bei diesem Angebot nach einem Jahr ausgezahlt bekommen.

d) Ermittle mithilfe des Internets, wie viel Zinsen derzeit für 600 € pro Jahr gezahlt werden bzw. zu zahlen sind.
Was fällt dir auf?
individuelle Lösung (Hinweis: Zinsen schwanken über Jahre. Es gibt sehr unterschiedliche Angebote. Die Zinsen für Guthaben sind meist geringer als die für Schulden. Einige Händler bieten fast 0 % Zinsen p.a. an.)

Zinsen für unterschiedliche Anlagedauern

▶ Grundwissen

Durch Multiplizieren der Zinsen für ein Jahr mit dem Anteil des Jahres, für den Zinsen zu zahlen sind, berechnet man Zinsen für unterschiedliche Anlagedauern.

		Beispiel: 2 000 € werden mit 3 % verzinst.	
• Zinsen für ein Jahr:	$Z = \frac{p \cdot K}{100}$	Zinsen für 1 Jahr:	$Z = 60\,€$
• Zinsen für *d* Tage:	$Z_d = Z \cdot \frac{d}{360}$	Zinsen für 60 Tage:	$Z = 60\,€ \cdot \frac{60}{360} = 60\,€ \cdot \frac{1}{6} = 10\,€$
• Zinsen für *m* Monate:	$Z_m = Z \cdot \frac{m}{12}$	Zinsen für 4 Monate:	$Z = 60\,€ \cdot \frac{4}{12} = 60\,€ \cdot \frac{1}{3} = 20\,€$

Trainieren

1 Ermittle jeweils den Anteil eines Jahres.
Hinweis: Nimm zur Vereinfachung an, dass jeder Monat 30 Tage hat.

Starthilfe 12 Monate sind ein Jahr. 360 Tage sind ein Jahr.

Januar (30 Tage)	Februar (30 Tage)	März (30 Tage)	April (30 Tage)	Mai (30 Tage)	Juni (30 Tage)
Juli (30 Tage)	August (30 Tage)	September (30 Tage)	Oktober (30 Tage)	November (30 Tage)	Dezember (30 Tage)

a) Anteil von Monaten eines Jahres („$\frac{\square}{12}$“)

Anlagedauer	2 Monate	5 Monate	7 Monate	8 Monate	10 Monate
Anteil eines Jahres	$\frac{2}{12} = \frac{1}{6}$	$\frac{5}{12}$	$\frac{7}{12}$	$\frac{8}{12} = \frac{2}{3}$	$\frac{10}{12} = \frac{5}{6}$

b) Anteil von Tagen eines Jahres („$\frac{\square}{360}$“)

Anlagedauer	60 Tage	120 Tage	300 Tage	15 Tage	10 Tage
Anteil eines Jahres	$\frac{60}{360} = \frac{1}{6}$	$\frac{120}{360} = \frac{1}{3}$	$\frac{300}{360} = \frac{5}{6}$	$\frac{15}{360} = \frac{1}{24}$	$\frac{10}{360} = \frac{1}{36}$

2 Berechne die Zinsen für die Monate.

Starthilfe Zinsen für ein Jahr mal „$\frac{\square}{12}$“

Zinsen für ein Jahr	60 €	60 €	60 €	60 €	60 €
Anlagedauer	1 Monat	6 Monate	4 Monate	3 Monate	9 Monate
Anteil eines Jahres	$\frac{1}{12}$	$\frac{6}{12} = \frac{1}{2}$	$\frac{4}{12} = \frac{1}{3}$	$\frac{3}{12} = \frac{1}{4}$	$\frac{9}{12} = \frac{3}{4}$
Zinsen für die Monate	$60\,€ \cdot \frac{1}{12} = 5\,€$	$60\,€ \cdot \frac{1}{2} = 30\,€$	$60\,€ \cdot \frac{1}{3} = 20\,€$	$60\,€ \cdot \frac{1}{4} = 15\,€$	$60\,€ \cdot \frac{3}{4} = 45\,€$

3 Berechne die Zinsen für die Tage.

Starthilfe Zinsen für ein Jahr mal „$\frac{\square}{360}$“

Zinsen für ein Jahr	50 €	50 €	50 €	50 €	50 €
Anlagedauer	36 Tage	180 Tage	18 Tage	540 Tage	90 Tage
Anteil eines Jahres	$\frac{36}{360} = \frac{1}{10}$	$\frac{180}{360} = \frac{1}{2}$	$\frac{18}{360} = \frac{1}{20}$	$\frac{540}{360} = 1\frac{1}{2}$	$\frac{90}{360} = \frac{1}{4}$
Zinsen für die Tage	$50\,€ \cdot \frac{1}{10} = 5\,€$	$50\,€ \cdot \frac{1}{2} = 25\,€$	$50\,€ \cdot \frac{1}{20} = 2{,}50\,€$	$50\,€ \cdot 1\frac{1}{2} = 75\,€$	$50\,€ \cdot \frac{1}{4} = 12{,}50\,€$

4 Berechne jeweils die Zinsen für die Anlagedauer.

Starthilfe Zinsen für ein Jahr mal Anlagedauer „$\frac{\square}{\square}$“

Kapital	5 000,00 €	10 000,00 €	1 000,00 €	10 000,00 €	5 000,00 €
Zinssatz p. a.	2 %	2,1 %	2 %	4 %	4 %
Zinsen für ein Jahr	100 €	210 €	20 €	400 €	200 €
Anlagedauer	6 Monate	4 Monate	halbes Jahr	36 Tage	72 Tage
Anteil eines Jahres	$\frac{6}{10} = \frac{1}{2}$	$\frac{4}{12} = \frac{1}{3}$	$\frac{1}{2}$	$\frac{36}{360} = \frac{1}{10}$	$\frac{72}{360} = \frac{1}{5}$
Zinsen für die Anlagedauer	$100\,€ \cdot \frac{1}{2} = 50\,€$	$210\,€ \cdot \frac{1}{3} = 70\,€$	$20\,€ \cdot \frac{1}{2} = 10\,€$	$400\,€ \cdot \frac{1}{10} = 40\,€$	$200\,€ \cdot \frac{1}{5} = 40\,€$

5 Ergänze die fehlenden Linien.
Hinweis: Rechne auf einem zusätzlichen Blatt.

Starthilfe erst: „Kapital“ bis „Zinsen für ein Jahr“
danach: bis „Zinsen für die Anlagerdauer“

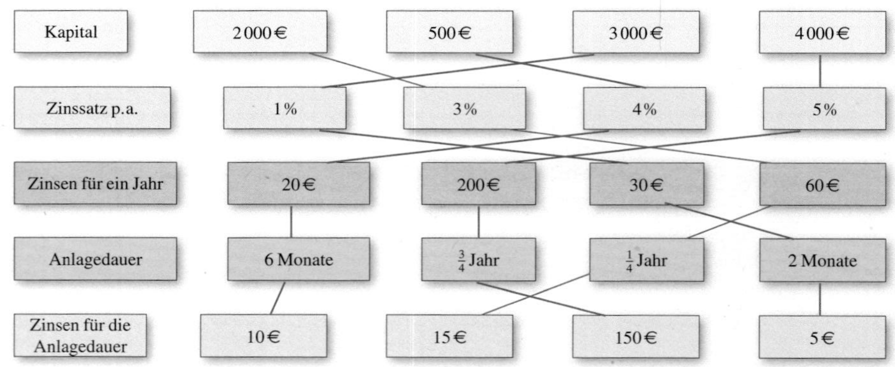

Anwenden und Vernetzen

6 Eine Bank bietet einen Zinssatz von 4 % p. a., wenn 10 000,00 € für 2,5 Jahre angelegt werden.
Man kann entscheiden, ob jeweils die Zinsen für ein Jahr ausgezahlt oder mitverzinst werden sollen.
Ermittle mithilfe der Tabellen den Unterschied der insgesamt anfallenden Zinsen.
Hinweis: Rechne gegebenenfalls auf einem zusätzlichen Blatt.

Zinsen werden am Ende jedes Jahres ausgezahlt		
	Zinsen	Kapital
Anfang		10 000,00 €
nach 1 Jahr	400,00 €	10 000,00 €
nach 2 Jahren	400,00 €	10 000,00 €
nach 2,5 Jahren	200,00 €	10 000,00 €
Gesamtsumme der Zinsen	1 000,00 €	

Zinsen werden erst nach 2,5 Jahren ausgezahlt		
	Zinsen	Kapital
Anfang		10 000,00 €
nach 1 Jahr	400,00 €	10 400,00 €
nach 2 Jahren	416,00 €	10 816,00 €
nach 2,5 Jahren	216,32 €	11 032,32 €
Gesamtsumme der Zinsen	1 032,32 €	

Wenn die Zinsen mitverzinst werden, fallen insgesamt 32,32 € Zinsen mehr an.

Prismen erkennen und beschreiben

▶ Grundwissen

Ein Prisma hat folgende Eigenschaften:
- Die Grund- und Deckfläche sind zueinander kongruente (deckungsgleiche) und parallele n-Ecke.
- Die Seitenflächen sind Rechtecke.

Beispiel:

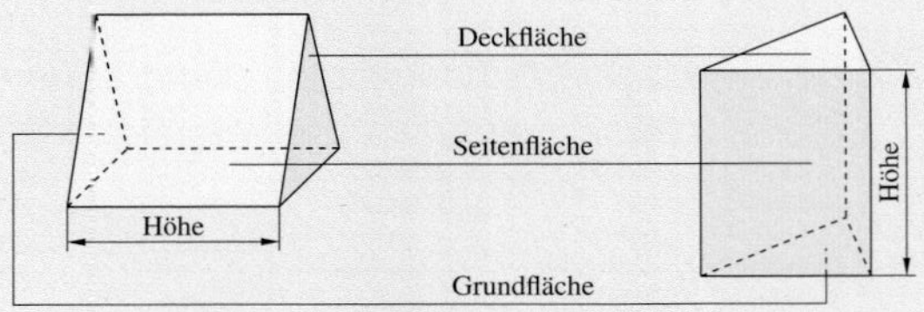

Trainieren

1 Welche der folgenden Flächen kann Grundfläche eines Prismas sein? Kreuze an.

Starthilfe Dreieck, Viereck, Fünfeck, Sechseck, …, n-Eck?

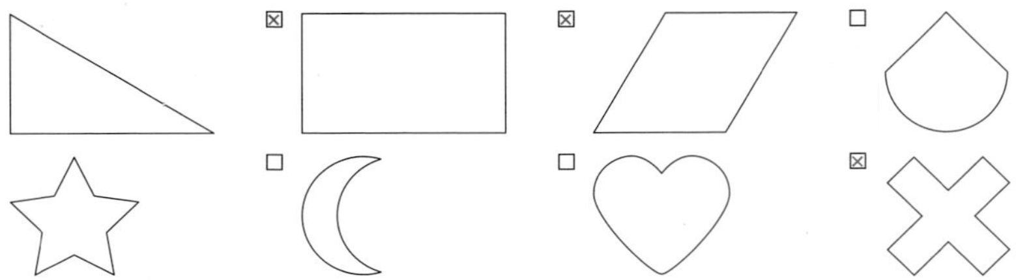

☒ Dreieck ☒ Rechteck ☒ Parallelogramm ☐ (Fläche mit Bogen)
☒ Stern ☐ Mond ☐ Herz ☒ Kreuz

2 Gib jeweils die Anzahl der Prismen an.
Hinweis: Überlege dir Begründungen.

Starthilfe 1. Zueinander kongruente und parallele n-Ecke? 2. Rest Rechtecke?

gelbe Prismen: **1**

blaue Prismen: **2**

grüne Prismen: **2 vermutlich**

rote Prismen: **2 vermutlich**

3 Welche der Gegenstände haben oft die Form eines Prismas? Kreuze an.
Hinweis: Stell dir konkrete Beispiele vor.

Starthilfe 1. Was könnte Grund- bzw. Deckfläche sein? 2. Rest Rechtecke?

a) Verpackungen für Konfekt	☒ Prisma	☐ kein Prisma
b) Hausdächer von Einfamilienhäusern mit Dachziegeln	☒ Prisma	☐ kein Prisma
c) Dächer von Kirchtürmen	☐ Prisma	☒ kein Prisma
d) Kartons für Schuhe	☒ Prisma	☐ kein Prisma
e) Lutscher ohne Stiel	☐ Prisma	☒ kein Prisma
f) Buntstifte ohne die Spitze	☒ Prisma	☐ kein Prisma

4 Netz und Höhe

Starthilfe

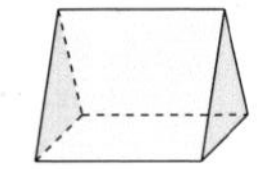

☐ Grundfläche
☐ Seitenfläche

a) Markiere in den Netzen von Prismen zuerst die Grund- bzw. die Deckfläche und danach die Seitenflächen.
Lege zuvor Farben fest.

☐ Grund- und Deckfläche G ☐ Seitenflächen S

b) Miss die Höhe im Netz des Prismas und schreibe sie an eine entsprechende Linie.

① 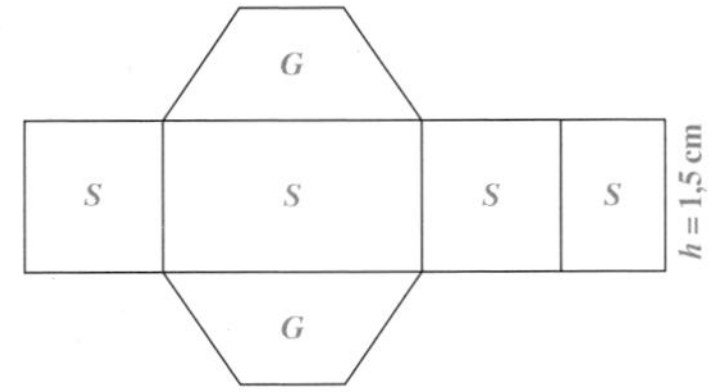

② 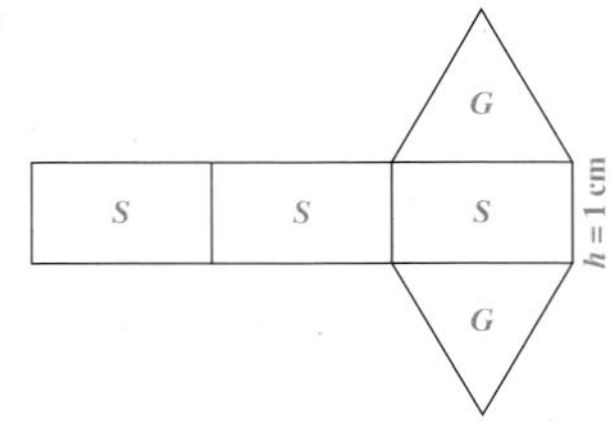

③ z. B. 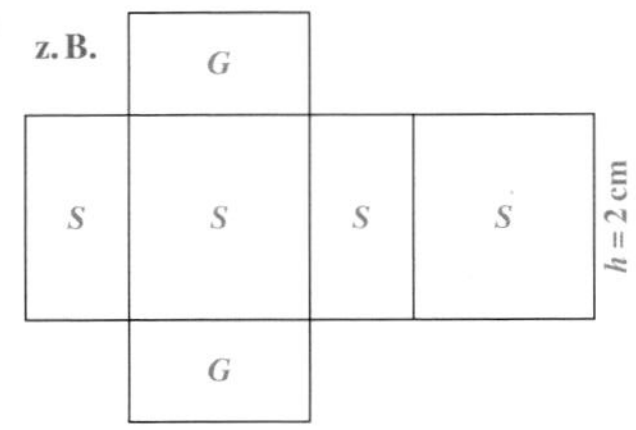

④ 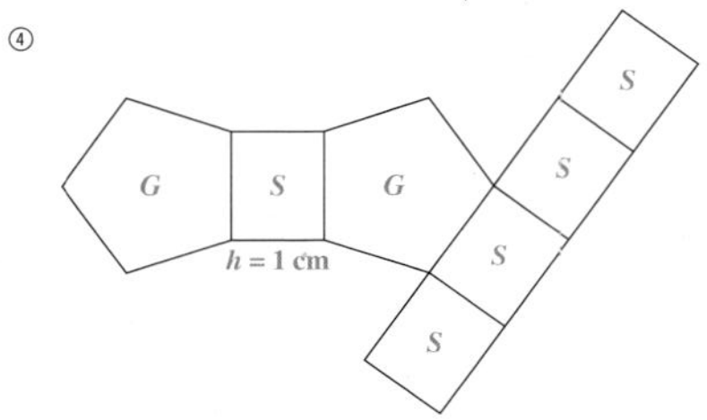

Anwenden und Vernetzen

5 Schrägbild, Netz und Körper

Starthilfe Winkel und Länge in Originalgröße
Winkel statt 90° in 45° und halbe Länge

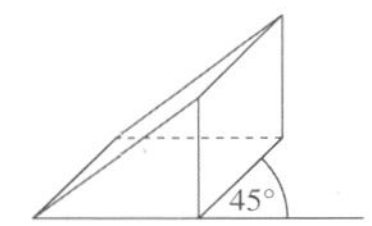

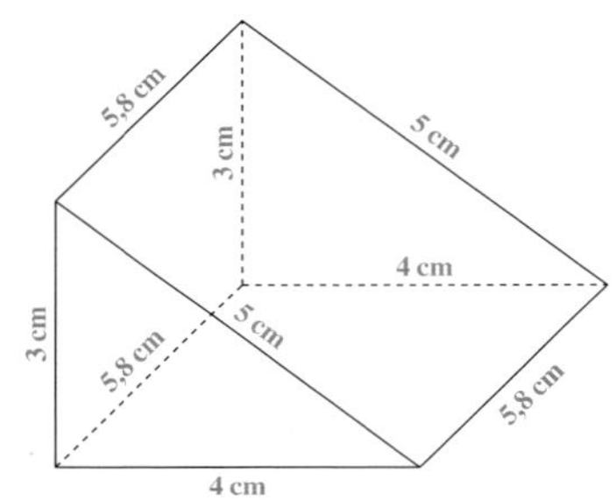

a) Schreibe die Länge jeder Kante im Original an das Schrägbild.

b) Zeichne auf kariertes Papier ein Netz des Prismas.

c) Schneide das Netz des Prismas aus und falte den Körper.
Hinweis: Korrigiere gegebenfalls deine Fehler.

d) Betrachte dein Prisma und ergänze.

Anzahl der Flächen: **5** Anzahl der Ecken: **6** Anzahl der Kanten: **9**

e) Klebe dein Netz an einer Fläche links unter der Starthilfe auf und färbe die Grund- bzw. die Deckfläche und die Seitenflächen unterschiedlich ein.
individuelle Lösung (Grund- bzw. Deckfläche: Dreiecke)

Oberfläche von Prismen

▶ Grundwissen

- Die Oberfläche eines Prismas besteht aus allen Seitenflächen S und der Grund- und der Deckfläche G.
- Für die Größe der Oberfläche O gilt: $O = S_1 + S_2 + \ldots + S_n + 2G$

Beispiel:

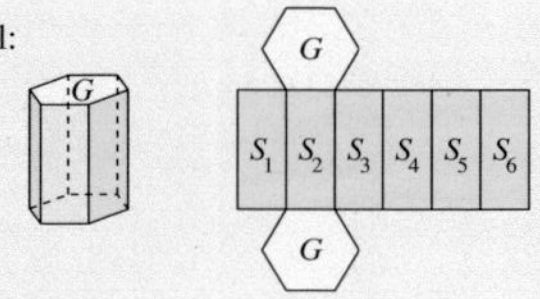

Trainieren

1 Flächeninhalte

Starthilfe Ein Kästchen ist $0{,}25\,cm^2$ groß; zwei $0{,}5\,cm^2$; drei $0{,}75\,cm^2$; vier $1\,cm^2$; fünf $1{,}25\,cm^2$, …

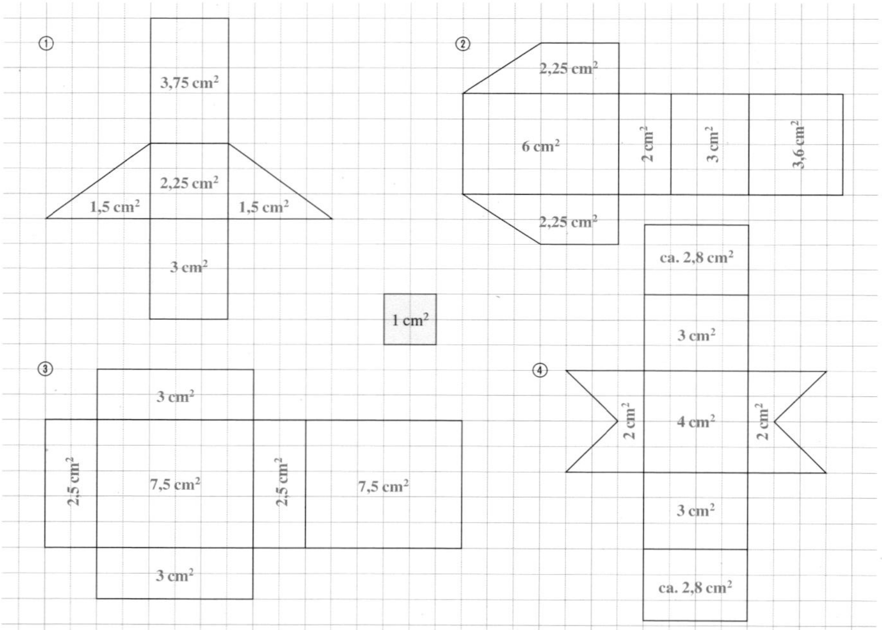

a) Schreibe in jede Fläche den entsprechenden Flächeninhalt.

b) Ermittle jeweils die Größe der Oberfläche des dazugehörigen Prismas.

① Prisma mit Dreieck als Grundfläche: $3{,}75\,cm^2 + 2{,}25\,cm^2 + 3\,cm^2 + 1{,}5\,cm^2 + 1{,}5\,cm^2 = 12\,cm^2$

② Prisma mit Trapez als Grundfläche: $6\,cm^2 + 2\,cm^2 + 3\,cm^2 + 3{,}6\,cm^2 + 2{,}25\,cm^2 + 2{,}25\,cm^2 = 19{,}1\,cm^2 \approx 19\,cm^2$

③ Prisma mit Rechteck als Grundfläche: $2{,}5\,cm^2 + 7{,}5\,cm^2 + 2{,}5\,cm^2 + 7{,}5\,cm^2 + 3\,cm^2 + 3\,cm^2 = 26\,cm^2$

④ Prisma mit Fünfeck als Grundfläche: $2{,}8\,cm^2 + 3\,cm^2 + 4\,cm^2 + 3\,cm^2 + 2{,}8\,cm^2 + 2\,cm^2 + 2\,cm^2 = 19{,}6\,cm^2$

2 Die Grundflächen von 1 cm hohen Prismen wurden in Originalgröße abgebildet.

Starthilfe $O = S_1 + S_2 + \ldots + S_n + 2G$

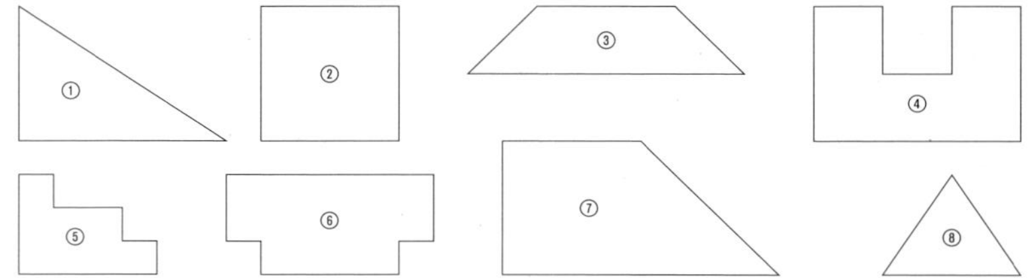

a) Aus wie vielen Flächen besteht jeweils die Oberfläche des Prismas.
Hinweis: Erkläre einem Mitschüler oder einer Mitschülerin, wie du zählst, oder lass es dir erklären.

Prisma	①	②	③	④	⑤	⑥	⑦	⑧
Flächen	5	6	6	10	10	10	6	5

b) Ordne jedem Prisma seine Größe der Oberfläche zu.
Hinweis: $O = S_1 + \ldots + S_n + 2G = u \cdot h_k + 2G$, wobei u Umfang der Grundfläche und h_k die Höhe des Prismas ist.

$8{,}6\,cm^2$ | $11\,cm^2$ | $14{,}6\,cm^2$ | $14{,}83\,cm^2$ | $16\,cm^2$ | $17\,cm^2$ | $22\,cm^2$ | $22{,}83\,cm^2$

Prisma	①	②	③	④	⑤	⑥	⑦	⑧
Oberfläche	$14{,}6\,cm^2$	$16\,cm^2$	$14{,}83\,cm^2$	$22\,cm^2$	$11\,cm^2$	$17\,cm^2$	$22{,}83\,cm^2$	$8{,}6\,cm^2$

Anwenden und Vernetzen

3 Schrägbild, Netz und Größe der Oberfläche

a) Im Schrägbild ist ein Prisma im Maßstab 1 : 1 dargestellt.
Überlege, welche Längen zur Berechnung der Flächeninhalte benötigt werden.
Schreibe die vier Größenangaben an das Schrägbild.

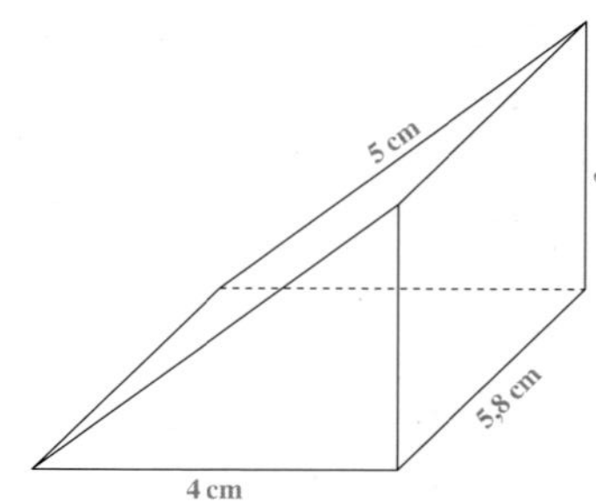

b) Ermittle den Flächeninhalt jeder Fläche und der Oberfläche.

Flächeninhalt jeder Fläche:

linkes Rechteck: $3\,cm \cdot 5{,}8\,cm = 17{,}4\,cm^2$

unteres Rechteck: $4\,cm \cdot 5{,}8\,cm = 23{,}2\,cm^2$

rechtes Rechteck: $5\,cm \cdot 5{,}8\,cm = 29\,cm^2$

beide Dreiecke zusammen: $\frac{4\,cm \cdot 3\,cm}{2} \cdot 2 = 12\,cm^2$

Flächeninhalt der Oberfläche:

$17{,}4\,cm^2 + 23{,}2\,cm^2 + 29\,cm^2 + 12\,cm^2 = 81{,}6\,cm^2$

c) Gib den Flächeninhalt der Oberfläche in mindestens einer weiteren Einheit an.
Hinweis: $1\,cm^2 = 100\,mm^2$ $1\,dm^2 = 100\,cm^2$ $1\,m^2 = 100\,dm^2$
z. B.
$81{,}6\,cm^2 = 8\,160\,mm^2$ $81{,}6\,cm^2 = 0{,}816\,dm^2$ $81{,}6\,cm^2 = 0{,}00816\,m^2$

Volumen von Prismen

▶ Grundwissen

Das Volumen V eines Prismas ist das Produkt des Flächeninhalts der Grundfläche G und der Körperhöhe h_k.

$V = G \cdot h_k$

Beispiel:
$V = 2\,cm^2 \cdot 4{,}5\,cm = 9\,cm^3$

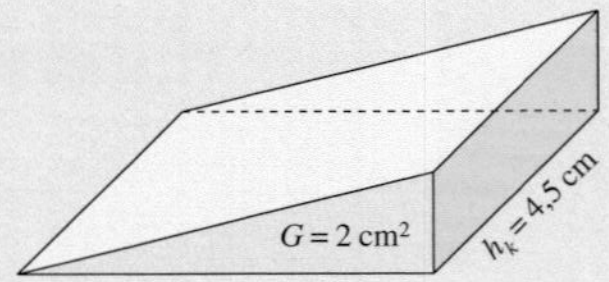

Trainieren

1 Prismen aus Einheitswürfeln — **Starthilfe** Jeder „kleine" Würfel ist $1\,cm^3$ groß. Jede seiner Kanten ist 1 cm lang. Die Flächen sind $1\,cm^2$ groß.

① 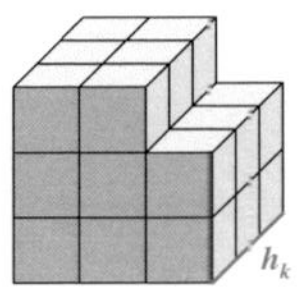

② 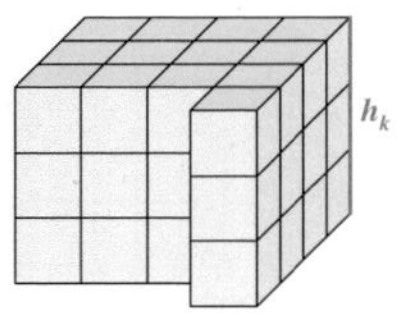

③ 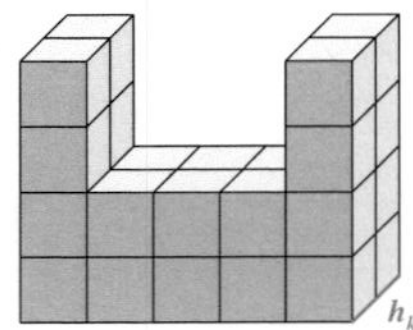

a) Färbe zuerst jeweils die Grundfläche ein und gib den Flächeninhalt der Grundfläche G an. Ermittle danach die Höhe h_k jedes Prismas und färbe eine dementsprechende Kante ein.

① $G = 8\,cm^2$ $h_k = 3\,cm$ ② $G = 13\,cm^2$ $h_k = 3\,cm$ ③ $G = 14\,cm^2$ $h_k = 2\,cm$

b) Berechne jeweils das Volumen V des Prismas.
Hinweis: Überprüfe dein Ergebnis durch „Auszählen" der Einheitswürfel.

① $V = 8\,cm^2 \cdot 3\,cm = 24\,cm^3$ ② $V = 13\,cm^2 \cdot 3\,cm = 39\,cm^3$ ③ $V = 14\,cm^2 \cdot 2\,cm = 28\,cm^3$

c) Stell dir vor: Einheitswürfel wurden so angelegt, dass 4 cm hohe Prismen entstanden.
Die Grundfläche bleibt unverändert. Berechne jeweils das Volumen des entstandenen Prismas.

① $V = 8\,cm^2 \cdot 4\,cm = 32\,cm^3$ ② $V = 13\,cm^2 \cdot 4\,cm = 42\,cm^3$ ③ $V = 14\,cm^2 \cdot 4\,cm = 56\,cm^3$

2 Berechne jeweils das Volumen des Prismas. — **Starthilfe** „Flächeninhalt der Grundfläche" mal „Körperhöhe"

① 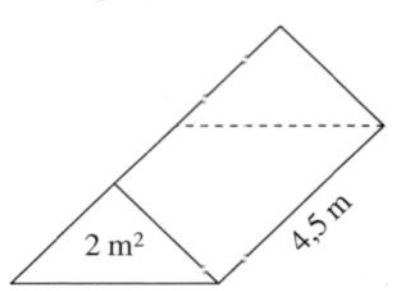

$V = 2\,m^2 \cdot 4{,}5\,m = 9\,m^3$

② 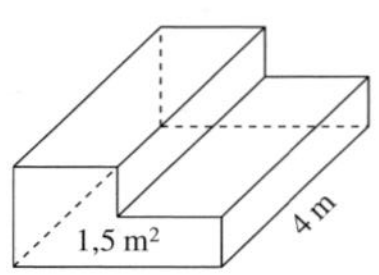

$V = 1{,}5\,cm^2 \cdot 4\,cm = 6\,cm^3$

③ 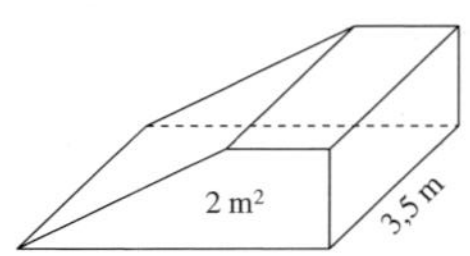

$V = 2\,m^2 \cdot 3{,}5\,m = 7\,m^3$

3 Korrigiere jeweils den Fehler. — **Starthilfe** Berechne die Volumen V und beachte die Einheiten.

a) Für ein Prisma aus Einheitswürfeln gilt: $G = 2\,cm^2$; $h_k = 3\,cm$ und $V = 5\,cm^3$. $V = 6\,cm^3$

b) Für ein Prisma aus Einheitswürfeln gilt: $G = 5\,cm$; $h_k = 3\,cm$ und $V = 15\,cm^3$. $G = 5\,cm^2$

c) Für ein Prisma aus Einheitswürfeln gilt: $G = 9\,cm^2$; $h_k = 2\,cm^2$ und $V = 18\,cm^3$. $h_k = 2\,cm$

4 Grundflächen in Originalgröße — **Starthilfe** Je vier Kästchen sind zusammen $1\,cm^2$ groß.

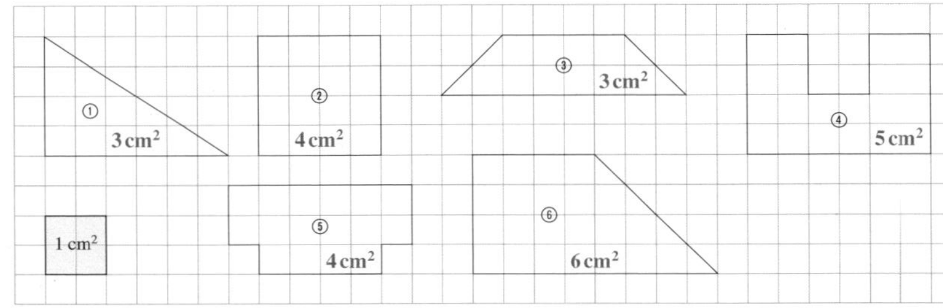

a) Schreibe in die Zeichnung jeweils den Flächeninhalt der Grundfläche.

b) Stell dir vor: Abgebildet sind die Grundflächen von 1 cm hohen Prismen.
Gib in der Tabelle jeweils das entsprechende Volumen an.

$h_k = 1\,cm$	①	②	③	④	⑤	⑥
Volumen	$3\,cm^3$	$4\,cm^3$	$3\,cm^3$	$5\,cm^3$	$4\,cm^3$	$6\,cm^3$

c) Stell dir vor: Abgebildet sind die Grundflächen von 5 cm hohen Prismen.
Gib in der Tabelle jeweils das entsprechende Volumen an.

$h_k = 5\,cm$	①	②	③	④	⑤	⑥
Volumen	$15\,cm^3$	$20\,cm^3$	$15\,cm^3$	$25\,cm^3$	$25\,cm^3$	$30\,cm^3$

d) Stell dir vor: Abgebildet sind die Grundflächen von unterschiedlich hohen Prismen.
Ergänze die Tabelle entsprechend.
Hinweis: Übernimm aus der Zeichnung die bereits bei Teilaufgabe **a** ermittelten Flächeninhalte der Grundflächen.

	①	②	③	④	⑤	⑥
G	$3\,cm^2$	$4\,cm^2$	$3\,cm^2$	$5\,cm^2$	$4\,cm^2$	$6\,cm^2$
h_k	10 cm	2 cm	4 cm	7 cm	6 cm	9 cm
V	$30\,cm^3$	$8\,cm^3$	$12\,cm^3$	$35\,cm^3$	$24\,cm^3$	$54\,cm^3$

Anwenden und Vernetzen

5 Volumen des Prismas — **Starthilfe** Nutze das Netz von Aufgabe 5 auf Seite 29

a) Im Schrägbild ist ein Prisma im Maßstab 1 : 1 dargestellt.
Überlege, welche Längen zur Berechnung des Volumens benötigt werden.
Schreibe die drei Größenangaben an das Schrägbild.

z. B.

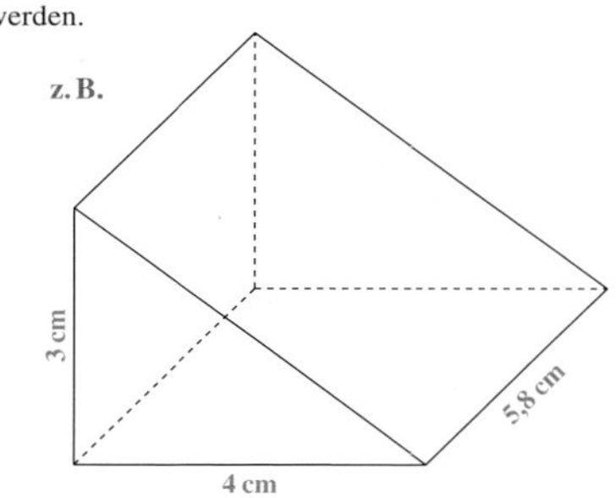

b) Berechne das Volumen V des Prismas.

$V = G \cdot h_k = 6\,cm^2 \cdot 5{,}8\,cm = 34{,}8\,cm^3$

c) Ein Prisma hat die gleiche Höhe und ein doppelt so großes Volumen.
Skizziere mindestens zwei infrage kommende Grundflächen.

z. B.

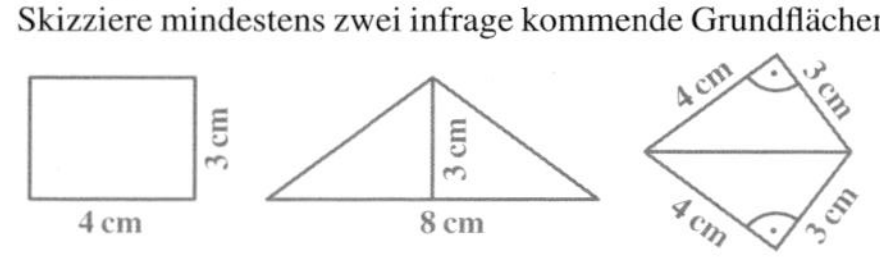

Oberfläche von Zylindern

▶ Grundwissen

- Die Oberfläche eines Zylinders besteht aus der Mantelfläche M (Rechteck) und der Grund- und der Deckfläche G (Kreise).
- Für die Größe der Oberfläche O gilt: $O = M + 2 \cdot G$
  $O = 2 \cdot r \cdot \pi \cdot h_k + 2 \cdot \pi \cdot r^2$

Beispiel:

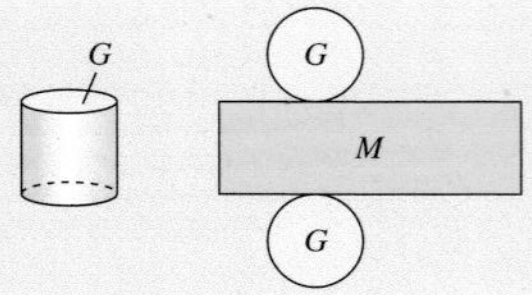

Trainieren

1 Teile mit der Form eines Zylinders?

Starthilfe: 1. Zwei Kreise (G)? 2. Ein Rechteck (M)?

a) Kreuze an.

rote Räder	☒ Zylinder	☐ kein Zylinder
blauer Schornstein	☐ Zylinder	☒ kein Zylinder
grüner Kessel der Lok	☐ Zylinder	☒ kein Zylinder
rotes Dach der Lok	☐ Zylinder	☒ kein Zylinder
blaue Wagonkupplung	☒ Zylinder	☐ kein Zylinder

b) Wie viele zylinderförmige Holzteile wurden mindestens verbaut?
(acht rote Räder; fünf braune Stäbe zum Daraufstecken; eine blaue Wagonkupplung)
14 zylinderförmige Holzteile wurden vermutlich verbaut.

c) Welche Teile mit der Form eines Zylinders haben die größte Grundfläche? **rote Räder**

d) Welche Teile mit der Form eines Zylinders haben die größte Mantelfläche? **braune Stäbe zum Daraufstecken**

2 Berechne die Flächeninhalte von fünf Zylindern, die 5 cm hoch sind.
Hinweis: Runde jeweils auf die zweite Stelle nach dem Komma.

a) Ermittle die Flächeninhalte der Grundflächen. Starthilfe: $G = \pi \cdot r^2$

Zylinder	①	②	③	④	⑤
Radius r	3 cm	4 cm	1 m	1,2 m	3,5 m
Flächeninhalt der Grundfläche	**28,27 cm²**	**50,27 cm²**	**3,14 m²**	**4,52 m²**	**38,48 m²**

b) Ermittle die Flächeninhalte der Mantelflächen. Starthilfe: $M = 2 \cdot r \cdot \pi \cdot h_k$, $h_k = 5$ cm

Zylinder	①	②	③	④	⑤
Radius r	3 cm	4 cm	1 m	1,2 m	3,5 m
Flächeninhalt der Mantelfläche	**94,25 cm²**	**125,66 cm²**	**31,42 m²**	**37,70 m²**	**109,96 m²**

c) Ermittle die Flächeninhalte der Oberflächen. Starthilfe: $O = M + 2 \cdot G$

Zylinder	①	②	③	④	⑤
Radius r	3 cm	4 cm	1 m	1,2 m	3,5 m
Flächeninhalt der Oberfläche	**150,97 cm³**	**226,20 cm³**	**37,70 m³**	**46,74 m³**	**186,92 m³**

3 Ermittle jeweils die Größe der Oberfläche des dazugehörigen Zylinders.
Hinweis: Schreibe Zwischenergebnisse in die Zeichnung.

Starthilfe:
Flächeninhalt des Mantels: $A_{Rechteck} = 2 \cdot r \cdot \pi \cdot h_K$
Flächeninhalt der Grundfläche: $A_{Kreis} = \pi \cdot r^2$
Flächeninhalt der Oberfläche: $O = M + 2 \cdot G$

a)

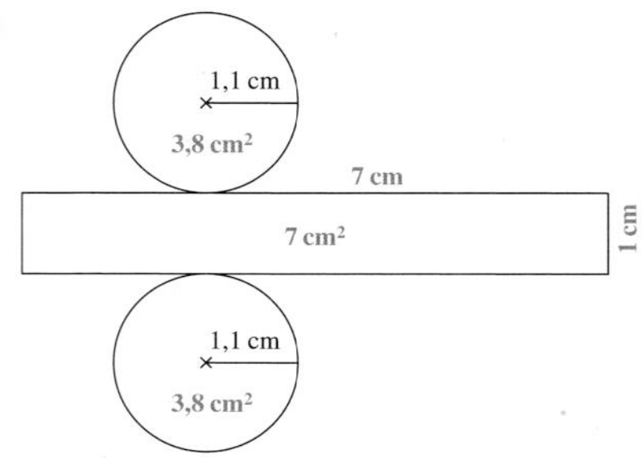

$O = 2 \cdot 3{,}9\ cm^2 + 7\ cm^2 = 14{,}8\ cm^2$

b)

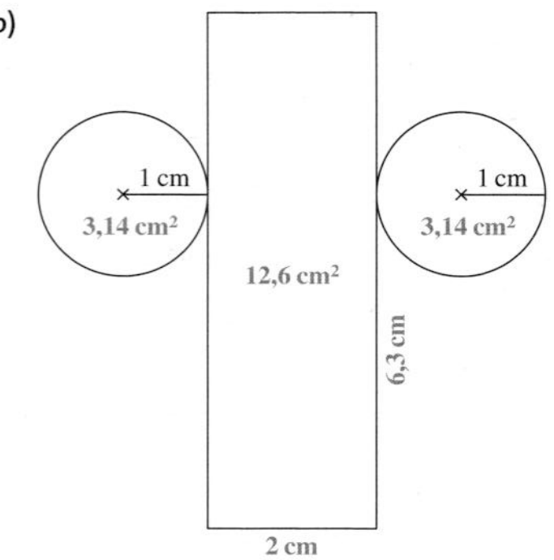

$O = 2 \cdot 3{,}14\ cm^2 + 12{,}6\ cm^2 = 18{,}88\ cm^2$

Anwenden und Vernetzen

4 Ein Zylinder ist 3 cm hoch und hat einen Radius von 2 cm.

a) Zeichne ein Netz des Zylinders in Originalgröße.
Hinweis: Zeichne es auf ein zusätzliches Blatt, schneide es zur Kontrolle aus und klebe es danach hier auf.

Starthilfe: $M = (2 \cdot r \cdot \pi) \cdot h_k$
„Länge" mal „Breite"

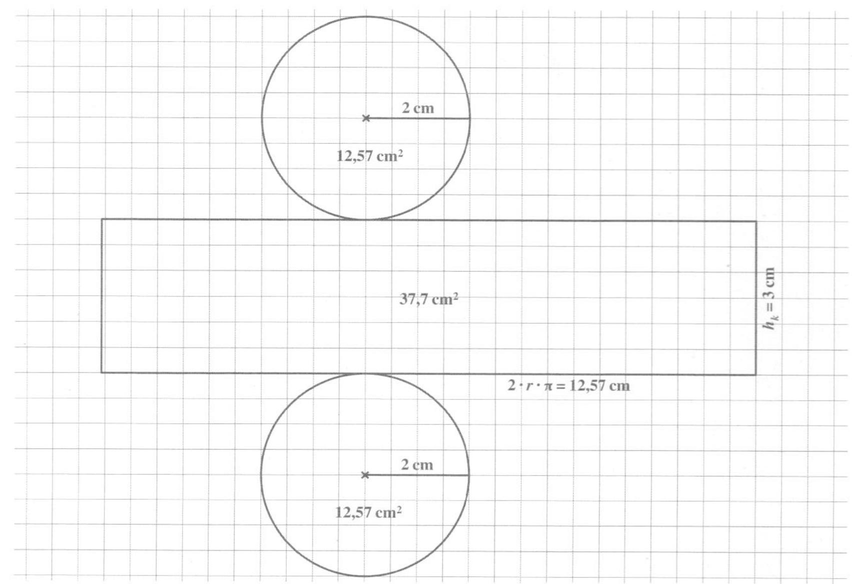

b) Kreuze die Größe der Oberfläche des Zylinders an.

☐ 68,83 m ☐ 68,83 m² ☐ 62,83 cm ☒ 62,83 cm² ☐ 86,83 cm ☐ 86,83 cm³

Volumen von Zylindern

Grundwissen

Das Volumen V eines Zylindern ist das Produkt des Flächeninhalts der Grundfläche G und der Körperhöhe h_k.

$V = G \cdot h_k$ $G = \pi \cdot r^2$

Beispiel:
$V = 2\ \text{cm}^2 \cdot 4{,}5\ \text{cm} = 9\ \text{cm}^3$

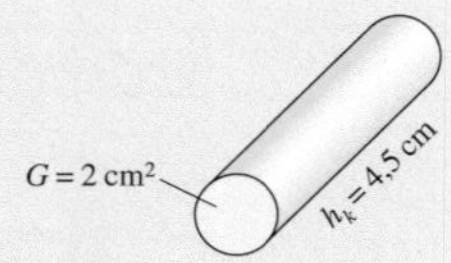

Trainieren

1 Berechne jeweils das Volumen des Zylinders. **Starthilfe** „Grundfläche" mal „Körperhöhe"

	①	②	③	④	⑤
r	1 cm	1 cm	1 cm	1 cm	1 cm
G	3,14 cm²	3,14 cm²	3,14 cm²	3,14 cm²	3,14 cm²
h_k	8,00 cm	6,00 cm	4,00 cm	2,00 cm	1,00 cm
V	25,12 cm²	18,84 cm³	12,56 cm³	6,28 cm³	3,14 cm³

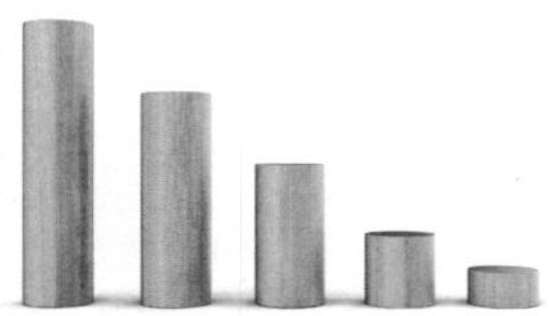

2 Ermittle die Größenangaben zu den Zylindern. **Starthilfe** Lies r und h_k ab. $G = \pi \cdot r^2$ $V = G \cdot h_k$

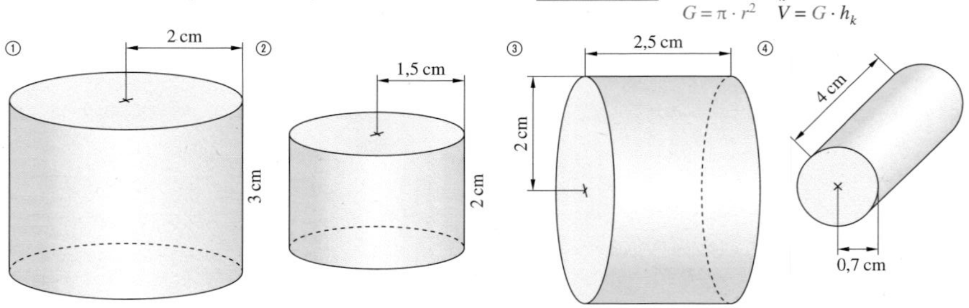

Zylinder ①	Zylinder ②	Zylinder ③	Zylinder ④
$r = 2\ \text{cm}$	$r = 1{,}5\ \text{cm}$	$r = 2\ \text{cm}$	$r = 0{,}7\ \text{cm}$
$G = \pi \cdot (2\ \text{cm})^2$	$G = \pi \cdot (1{,}5\ \text{cm})^2$	$G = \pi \cdot (2\ \text{cm})^2$	$G = \pi \cdot (0{,}7\ \text{cm})^2$
$G \approx 12{,}57\ \text{cm}^2$	$G \approx 7{,}07\ \text{cm}^2$	$G \approx 12{,}57\ \text{cm}^2$	$G \approx 1{,}54\ \text{cm}^2$
$h_k = 3\ \text{cm}$	$h_k = 2\ \text{cm}$	$h_k = 2{,}5\ \text{cm}$	$h_k = 4\ \text{cm}$
$V = \pi \cdot (2\ \text{cm})^2 \cdot 3\ \text{cm}$	$V = \pi \cdot (1{,}5\ \text{cm})^2 \cdot 2\ \text{cm}$	$V = \pi \cdot (2\ \text{cm})^2 \cdot 2{,}5\ \text{cm}$	$V = \pi \cdot (0{,}7\ \text{cm})^2 \cdot 4\ \text{cm}$
$V \approx 37{,}70\ \text{cm}^3$	$V \approx 14{,}14\ \text{cm}^3$	$V \approx 31{,}42\ \text{cm}^3$	$V \approx 6{,}16\ \text{cm}^3$

3 Gib die Durchmesser der Zylinder in Aufgabe **2** an. **Starthilfe** $2 \cdot r = d$

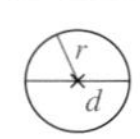

Zylinder ①: $d = 4\ \text{cm}$
Zylinder ②: $d = 3\ \text{cm}$
Zylinder ③: $d = 4\ \text{cm}$
Zylinder ④: $d = 1{,}4\ \text{cm}$

4 Korrigiere jeweils den Fehler. **Starthilfe** Berechne die Volumen V und beachte die Einheiten.

a) Für einen Zylinder gilt: $G = 2\ \text{cm}^2$; $h_k = 7\ \text{cm}$ und $V = 9\ \text{cm}^3$. $V = 14\ \text{cm}^3$

b) Für einen Zylinder gilt: $G = 6\ \text{cm}^2$; $h_k = 3\ \text{cm}^2$ und $V = 18\ \text{cm}^3$. $h_k = 3\ \text{cm}$

c) Für einen Zylinder gilt: $G = 9\ \text{m}^2$; $h_k = 2\ \text{cm}^2$ und $V = 18\ \text{cm}^3$. $h_k = 2\ \text{cm}$

5 Ergänze die fehlenden Größen in der Tabelle. **Starthilfe** $d = 2 \cdot r$ $G = \pi \cdot r^2$ $V = G \cdot h_k$
Hinweis: Runde jeweils auf die zweite Stelle nach dem Komma.

	①	②	③	④	⑤	⑥
r	4 cm	7 cm	7,2 cm	2 dm	3 dm	1 m
d	8 cm	14 cm	14,4 cm	4 dm	6 dm	2 m
G	50,27 cm²	153,94 cm²	162,86 cm²	12,57 cm²	28,27 cm²	3,14 cm²
h_k	5 cm	7 cm	8,1 cm	0,4 dm	1,1 dm	0,2 m
V	251,33 cm³	1077,57 cm³	1319,17 cm³	5,03 dm³	31,10 dm³	0,63 m³

Anwenden und Vernetzen

6 Eine Dose mit gekochten Linsen ist 11 cm hoch und hat einen Radius von 4,9 cm.

a) Gib den Inhalt der Dose in Litern an. **Starthilfe** $1000\ \text{cm}^3 = 1\ \text{l}$

$V = \pi \cdot (4{,}9\ \text{cm})^2 \cdot 11\ \text{cm} = 829{,}73\ \text{cm}^3 \approx 0{,}8\ \text{l}$

Etwa 0,8 l gekochte Linsen sind in der Dose.

b) Berechne, wie viel Blech mindestens zur Herstellung der Dose benötigt wurde. Runde auf volle Quadratzentimeter.

$G = \pi \cdot (4{,}9\ \text{cm})^2 \approx 75{,}43\ \text{cm}^2$ $M = 2 \cdot 4{,}9\ \text{cm} \cdot \pi \cdot 11\ \text{cm} \approx 338{,}66\ \text{cm}^2$

$O = 2 \cdot G + M \approx 489{,}52\ \text{cm}^2 \approx 490\ \text{cm}^2$

Mindestens 490 cm² Blech wurden zur Herstellung der Dose benötigt.

7 Eine Getränkedose fasst etwas mehr als einen halben Liter. **Starthilfe** Suche eine solche Dose oder stell sie dir vor.

a) Kreuze die passenden Größenangaben an.

☐ $h_k = 10{,}2\ \text{cm}$ ☒ $h_k = 16{,}7\ \text{cm}$ ☐ $h_k = 21{,}8\ \text{cm}$ ☐ $r = 2{,}7\ \text{cm}$ ☒ $r = 3{,}2\ \text{cm}$ ☐ $r = 5{,}3\ \text{cm}$

b) Berechne mit den angekreuzten Werten das Volumen der Dose. Gib das Ergebnis in Litern an.

$V = \pi \cdot (3{,}2\ \text{cm})^2 \cdot 16{,}7\ \text{cm} = 537{,}24\ \text{cm}^2 = 0{,}54\ \text{l}$ Das Volumen beträgt ca. 0,54 l.

c) Nenne mindestens einen Grund, warum das berechnete Volumen größer als ein halber Liter sein muss.
z. B.
Es sind die Außenmaße gegeben. Die Innenmaße und das Innenvolumen sind kleiner.

Dosen – wie auch Flaschen – werden in der Regel nicht vollständig gefüllt.

Klammern auflösen und setzen

▶ Grundwissen

Das Verteilungsgesetz kann auch in umgekehrter Richtung angewandt werden.

Verteilungsgesetz: $a \cdot (b + c) = a \cdot b + a \cdot c$ Umkehrung: $a \cdot b + a \cdot c = a \cdot (b + c)$

Beispiele: $-2 \cdot (b + c) = -2b - 2c$ $-2b - 2c = -2 \cdot (b + c)$

Trainieren

1 Ordne gleichwertige Terme einander zu. **Starthilfe** Zeichne Pfeile. $5(a - b + c) = 5a - 5b + 5c$

$4(a+b)$	$2(a-b-c)$	$4(a-b+c)$	$3(a+b)$	$3(a-b)$	$-2(a+b+c)$
$2a-2b-2c$	$4a+4b$	$3a+3b$	$-2a-2b-2c$	$4a-4b+4c$	$3a-3b$

2 Löse die Klammern auf und vereinfache. **Starthilfe** $3a \cdot (a + 2c) = 3a \cdot a + 3a \cdot 2c = 3a^2 + 6ac$

a) $5(x+2y) = 5x + 10y$
b) $10(a+2b+c) =$ $10a + 20b + 10c$
c) $4(a+b+2c) =$ $4a + 4b + 8c$
d) $a(a+b+5c) =$ $a^2 + ab + 5ac$
e) $2(x+2y+3) =$ $2x + 4y + 6$
f) $2x(x+y+3z) =$ $2x^2 + 2xy + 6xz$
g) $(a+5b+c) \cdot 3 =$ $3a + 15b + 3c$
h) $(2a+4b+10) \cdot c =$ $2ac + 4bc + 10c$
i) $(7 + 2{,}5b - 0{,}2a) \cdot 4 =$ $28 + 10b - 0{,}8a$
j) $(2x - 0{,}1y + z) \cdot 2z =$ $4xz - 0{,}2yz + 2z^2$

3 Setze „=“ bzw. „≠“ ein.
Unterstreiche gegebenenfalls rechts vom „≠“ den Fehler. **Starthilfe** $2(a-2) \neq 2a - \underline{2}$ $2(a-2) = 2a - 4$

a) $2(a+4)$ = $2a + 8$
b) $4 \cdot (2+y)$ ≠ $\underline{6} + 4y$
c) $10a + 10b$ = $10(a+b)$
d) $3a - 3b$ ≠ $3(a + \underline{b})$
e) $20(1 - x^2)$ ≠ $20 \underline{+} 20x^2$
f) $5 \cdot (1+x)$ = $5 + 5x$
g) $3x + 30$ ≠ $3(x + \underline{30})$
h) $10 - 8y$ = $2(5 - 4y)$
i) $5a(a+2)$ ≠ $\underline{5a} + 10a$
j) $4a(2-b)$ = $8a - 4ab$
k) $6a + 3ab$ = $3(2a + ab)$
l) $4 - 4a$ ≠ $2(2 - \underline{4a})$
m) $2b(3-5c)$ = $6b - 10bc$
n) $5x(y-2x)$ ≠ $5xy - \underline{2x^2}$
o) $2xy + 16$ = $2(xy+8)$
p) $4s - 18st$ ≠ $2(2s - 9\underline{t})$

4 Ergänze jeweils den Faktor. **Starthilfe** zu **a)** $20a = \square \cdot 10a$ und $6 = \square \cdot 3$

a) $20a + 6 =$ 2 $\cdot (10a + 3)$
b) $15a - 10 =$ 5 $\cdot (3a - 2)$
c) $12a + 16 =$ 4 $\cdot (3a + 4)$
d) $10a + 20b =$ 10 $\cdot (a + 2b)$
e) $6a + ab =$ a $\cdot (6 + b)$
f) $ab + 10b =$ b $\cdot (a + 10)$
g) $8a - 40b =$ 8 $\cdot (a - 5b)$
h) $2a - 24ab =$ $2a$ $\cdot (1 - 12b)$
i) $3ab + 2abc =$ ab $\cdot (3 + 2c)$
j) $18a^2 - 12bc =$ 6 $\cdot (3a^2 - 2bc)$

Faktoren zum Abstreichen:

2	4
5	6
8	10
a	b
$2a$	ab

5 Klammere jeweils den gemeinsamen Faktor (Variable) aus. **Starthilfe** $ab + 3a + ac = a(b + 3 + c)$

a) $bc + ab =$ $b(c + a)$
b) $xy - 4yz =$ $y(x - 4z)$
c) $ac + ab + abc =$ $a(c + b + bc)$
d) $xy - 6y + yz =$ $y(x - 6 + z)$
e) $10a + 6ab - ac =$ $a(10 + 6b - c)$
f) $15xy + yz + 5y =$ $y(15x + z + 5)$

6 Klammere jeweils den gemeinsamen Faktor (Zahl) aus. **Starthilfe** $2a + 4b + 10 = 2(a + 2b + 5)$

a) $5a + 5ab =$ $5(a + ab)$
b) $2x - 8y =$ $2(x - 4y)$
c) $3a - 30b =$ $3(a - 10b)$
d) $4x + 8xy + 4z =$ $4(x + 2yz + z)$
e) $10ab + 20 - 10c =$ $10(ab + 20 - c)$
f) $100x + 50z + 150 =$ $50(2x + z + 3)$

7 Klammere jeweils den gemeinsamen Faktor (Variable und Zahl) aus. **Starthilfe** $2ab - 4bc = 2b(a - 2c)$

a) $3ab + 3ac =$ $3a(b + c)$
b) $2xy - 2xz + 2ax =$ $2x(y - z + a)$
c) $5ab - 10ac =$ $5a(b - 2c)$
d) $10xy + 50yz + 30y =$ $10y(x + 5z + 3)$
e) $8b + 4ab - 40bc =$ $4b(2 + a - 10c)$
f) $200x^2 - 100xy - 300xz =$ $100x(2x - y - 3z)$

Anwenden und Vernetzen

8 Finde Paare gleichwertiger Terme. Markiere sie mit der gleichen Farbe.

$2x^2 + 2y + 12$ A	$(x + y + 6) \cdot 2y$ C
$2x(x + y + 2)$ B	$2x^2 + 2xy^2 + x$ E
$2x + 4y + 4$ D	$2(x^2 + y + 6)$ A
$2xy + 2y^2 + 12y$ C	$(2x^2 + 2xy + 4x)$ B
$(2x + 2y^2 + 1) \cdot x$ E	$(x + 2y + 2) \cdot 2$ D

9 Ein Möbelhaus bietet unterschiedlich große quadratische Esstische mit zwei ausziehbaren Tischplatten an.

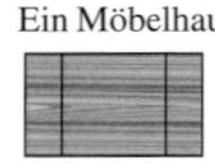

t ist die Länge der Tischplatte.
z ist die Länge der Zusatzplatte.

Starthilfe $A = a \cdot b$
$1\,\text{m} = 100\,\text{cm}$

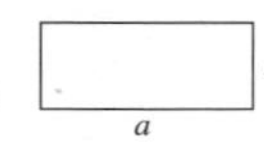

a) Stelle Terme zur Berechnung der Flächeninhalte der möglichen Tischflächen auf.

Keine Zusatzplatte ist ausgezogen. $A = t \cdot t = t^2$

Eine Zusatzplatte ist ausgezogen. $A = t \cdot (t + z) = t^2 + tz$

Beide Zusatzplatten sind ausgezogen. $A = t \cdot (z + t + z) = t \cdot (2z + t) = t^2 + 2tz = t^2 + tz + tz$

b) Jede der beiden Zusatzplatten eines 1 m langen quadratischen Tisches ist 40 cm lang.
Kreuze an, um wie viel Prozent der Tisch durch die Zusatzplatten vergrößert wird.
Zusatzaufgabe: Überlege dir eine gut nachvollziehbare Begründung für deine Entscheidung.

☐ 200% ☐ 180% ☐ 160% ☐ 140% ☐ 120% ☐ 100% ☒ 80% ☐ 60% ☐ 40%

Summen multiplizieren

▶ Grundwissen

Beim Multiplizieren zweier Summen wird jeder Summand der ersten Summe mit jedem Summanden der zweiten Summe multipliziert.

Beispiel: $(a+b)\cdot(c+d) = a\cdot c + a\cdot d + b\cdot c + b\cdot d$

	a	b
c	$a\cdot c$	$b\cdot c$
d	$a\cdot d$	$b\cdot d$

Trainieren

1 Flächeninhalte von Rechtecken

Starthilfe: „Länge" mal „Breite" ($4\cdot b$; Seiten 4 und b)

a) Schreibe zuerst die Produkte in die entsprechenden Rechtecke bzw. ergänze die Seitenlängen.

b) Gib danach je einen Term mit und ohne Klammern zur Berechnung des gesamten Flächeninhalts an.
Hinweis: Überprüfe deine Terme mithilfe der Flächen oder durch Multiplizieren der Summen.

	a	3
b	ab	$3b$
2	$2a$	6

$(a+3)\cdot(b+2) = ab + 2a + 3b + 6$

	4	a
b	$4b$	ab
3	12	$3a$

$(4+a)\cdot(b+3) = 4b + 12 + ab + 3a$

	$2x$	5
2	$4x$	10
y	$2xy$	$5y$

$(2x+5)\cdot(2+y) = 4x + 2xy + 10 + 5y$

	x	y
3	$3x$	$3y$
z	xz	yz

$(x+y)\cdot(3+z) = 3x + xz + 3y + yz$

	c	4
4	$4a$	16
b	ab	$4b$

$(a+4)\cdot(4+b) = 4a + ab + 16 + 4b$

	a	6
1	a	6
b	ab	$6b$

$(a+6)\cdot(1+b) = a + ab + 6 + 6b$

	x	10
y	xy	$10y$
2	$2x$	20

$(x+10)\cdot(y+2) = xy + 2x + 10y + 20$

	5	x
$2y$	$10y$	$2xy$
2	10	$2x$

$(5+x)\cdot(2y+z) = 10y + 10 + 2xy + 2x$

2 Multipliziere.

Starthilfe: $(2+a)\cdot(7+b) = 14 + 2b + 7a + ab$

a) $(2+a)\cdot(7+b) = 14 + 2b + 7a + ab$

b) $(a+25)\cdot(3+b) = 3a + ab + 75 + 25b$

c) $(10+x)\cdot(5+y) = 50 + 10y + 5x + xy$

d) $(2x+3)\cdot(9+y) = 18x + 2xy + 27 + 3y$

e) $(4+u)\cdot(1+v) = 4 + 4v + u + uv$

f) $(3+2u)\cdot(v+6) = 3v + 18 + 2uv + 12u$

g) $(a+8)\cdot(5+a) = 5a + a^2 + 40 + 8a$

h) $(4a+b)\cdot(a+11) = 4a^2 + 44a + ab + 11b$

3 Setze „+" und „–" so ein, dass alles stimmt.

Starthilfe: bei gleichen Zeichen „+"
bei ungleichen Zeichen „–"

a) $(2+a)\cdot(4-b) = 8 - 2b + 4a - ab$

b) $(5-a)\cdot(b+1) = 5b + 5 - ab - a$

c) $(6-a)\cdot(3-b) = 18 - 6b - 3a + ab$

d) $(7-2a)\cdot(11-b) = 77 - 7b - 22a + 2ab$

e) $(1+a)\cdot(b-20) = b - 20 + ab - 20a$

f) $(a-10)\cdot(b+8) = ab + 8a - 10b - 80$

Rechenzeichen zum Abstreichen:

+	–	–
+	–	–
+	–	–
+	–	–
+	–	–
+	–	–

4 Ergänze.

Starthilfe: zu **a)** $\square\cdot 7 = 28$

a) $(4 + b)\cdot(7-c) = 28 - 4c + 7b - bc$

b) $(a+8)\cdot(5 + b) = 5a + ab + 40 + 8b$

c) $(2 + b)\cdot(6 - c) = 12 - 2c + 6b - bc$

d) $(10 + c)\cdot(1-d) = 10 - 10d + c - cd$

e) $(6 - x)\cdot(y + 3) = 6y + 18 - xy - 3x$

f) $(50 - m)\cdot(2 - m) = 100 - 50m - 2m + m^2$

Ergebnisse zum Abstreichen:

2	2
3	4
5	10
b	c
c	m
m^2	x

Anwenden und Vernetzen

5 Ein rechteckiges Grundstück soll durch den Wegfall von zwei angrenzenden Wegen größer werden.
Die Skizze veranschaulicht die Situation.
Gib je einen Term mit und ohne Klammern zur Berechnung der Fläche des größeren Grundstücks an.

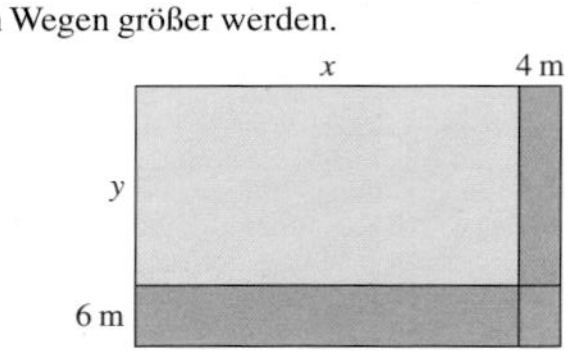

$A = (x+4)\cdot(y+6)$

$A = xy + 6x + 4y + 24$

6 Der Flächeninhalt eines Rechtecks wird beschrieben durch $ad + bd + 2cd + 3ae + 3be + 6ce$.

a) Unterteile und beschrifte das rechts abgebildete Rechteck entsprechend.

b) Gib einen Term mit Klammern zur Berechnung seines Flächeninhalts an.

$A = (a+b+2c)\cdot(d+3e)$

z. B.

	a	b	$2c$
d	ad	bd	$2cd$
$3e$	$3ae$	$3be$	$6ce$

Binomische Formeln

▶ Grundwissen

Die drei binomischen Formeln sind Sonderfälle der Multiplikation von Termen.

1. binomische Formel	2. binomische Formel	3. binomische Formel
$(a+b)^2 = a^2 + 2ab + b^2$	$(a-b)^2 = a^2 - 2ab + b^2$	$(a+b)\cdot(a-b) = a^2 - b^2$

Beispiele:

$(7+c)^2 = 49 + 14c + c^2$	$(7-e)^2 = 49 - 14e + e^2$	$(7+g)\cdot(7-g) = 49 - g^2$
$(2d+1)^2 = 4d^2 + 4d + 1$	$(3f-2)^2 = 9f^2 - 12f + 4$	$(3h+9)\cdot(3h-9) = 9h^2 - 81$

Trainieren

1 Ergänze mithilfe der 1. binomischen Formel.

Starthilfe $(a+b)^2 = a^2 + 2ab + b^2$
zu a) $(3+h)^2 = 9 + 6h + h^2$

a) $(3+h)^2 = 9 + 6h + h^2$
b) $(r+2)^2 = r^2 + 4r + 4$
c) $(3s+5)^2 = 9s^2 + 2\cdot 3s \cdot 5 + 5^2 = 9s^2 + 30s + 25$
d) $(3+2t)^2 = 9 + 12t + 4t^2$
e) $(4+p)\cdot(4+p) = 16 + 8p + p^2$
f) $(5+c)\cdot(5+c) = 25 + 10c + c^2$
g) $(4+3x)\cdot(4+3x) = 16 + 24x + 9x^2$
h) $(5x+y)^2 = 25x^2 + 10xy + y^2$
i) $(7s+1)^2 = 49s^2 + 14s + 1$
j) $(9a+2)\cdot(2+9a) = 81a^2 + 36a + 4$

2 Ergänze mithilfe der 2. binomischen Formel.

Starthilfe $(a-b)^2 = a^2 - 2ab + b^2$
zu a) $(4-h)^2 = 16 - 8h + h^2$

a) $(4-h)^2 = 16 - 8h + h^2$
b) $(c-3)^2 = c^2 - 6c + 9$
c) $(10-d)^2 = 100 - 20d + d^2$
d) $(e-7)^2 = e^2 - 14e + 49$
e) $(3-4m)^2 = 9 - 24m + 16m^2$
f) $(10n-5)^2 = 100n^2 - 100n + 25$
g) $(2x-6)\cdot(2x-6) = 4x^2 - 24x + 36$
h) $(3x-2y)\cdot(3x-2y) = 9x^2 - 12xy + 4y^2$
i) $(10y-3)\cdot(10y-3) = 100y^2 - 60y + 9$
j) $(-3+z)\cdot(z-3) = 9 - 6z + z^2$

3 Ergänze mithilfe der 3. binomischen Formel.

Starthilfe $(a+b)\cdot(a-b) = a^2 - b^2$
zu a) $(5+c)\cdot(5-c) = 25 - c^2$

a) $(5-c)\cdot(5+c) = 25 - c^2$
b) $(9+d)\cdot(9-d) = 81 - d^2$
c) $(r+6)\cdot(r-6) = r^2 - 36$
d) $(s-10)\cdot(s+10) = s^2 - 100$
e) $(4t+5)\cdot(4t-5) = 16t^2 - 25$
f) $(x-7y)\cdot(x+7y) = x^2 - 49y^2$
g) $(2x+9y)\cdot(2x-9y) = 4x^2 - 81y^2$
h) $(10x-11y)\cdot(10x+11y) = 100x^2 - 121y^2$
i) $(-3b-a)\cdot(-3b+a) = 9b^2 - a$
j) $(6-a)\cdot(a+6) = 36 - a^2$

4 Kreuze zuerst die Nummer der geeigneten binomischen Formel an.
Forme danach mithilfe dieser Formel um.

Starthilfe
$(\square+\square)^2 = \ldots$ 1. binomische Formel
$(\square-\square)^2 = \ldots$ 2. binomische Formel
$(\square+\square)\cdot(\square-\square) = \ldots$ 3. binomische Formel

a) $(5-4x)^2 = 25 - 40x + 16x^2$	☐ 1	☒ 2	☐ 3
b) $(5y-1)\cdot(5y+1) = 25y^2 - 1$	☐ 1	☐ 2	☒ 3
c) $(7+2x)\cdot(7+2x) = 49 + 28x + 4x^2$	☒ 1	☐ 2	☐ 3
d) $(3y-9)\cdot(3y-9) = 9y^2 - 54y + 81$	☐ 1	☒ 2	☐ 3
e) $(12x-8y)\cdot(12x+8y) = 144x^2 - 64y^2$	☐ 1	☐ 2	☒ 3
f) $(2x+6y)^2 = 4x^2 + 24xy + 36$	☒ 1	☐ 2	☐ 3

5 Wähle die passende Ergänzung aus.

Starthilfe Nur ein Term passt jeweils.

a) $x^2 - 6x + 9 = (x - \boxed{3})^2$ [2] [3] [6]
b) $y^2 + 10y + 25 = (y + \boxed{5})^2$ [2] [5] [10]
c) $c^2 - \boxed{16}\,c + 64 = (c-8)^2$ [4] [8] [16]
d) $d^2 - 81 = (d + \boxed{9})\cdot(d - \boxed{9})$ [3] [6] [9]
e) $x^2 + \boxed{14}\,x + 49 = (x+7)^2$ [7] [2] [14]
f) $1 - y^2 = (\boxed{1} - y)\cdot(\boxed{1} + y)$ [y] [1] [−1]
g) $9s^2 - 12s + 4 = (\boxed{3s} - 2)^2$ [3s] [3] [s]
h) $25t^2 + \boxed{10t} + 1 = (5t+1)^2$ [5t] [20t] [10t]
i) $x^2 - 8xy + 16y^2 = (x - \boxed{4y})^2$ [4y] [−4y] [4]
j) $4s^2 - 36 = (2s - \boxed{6})\cdot(2s + \boxed{6})$ [−6] [+6] [$\frac{1}{6}$]

Anwenden und Vernetzen

6 Berechne mithilfe der binomischen Formeln im Kopf.

Starthilfe $101 \cdot 99 = (100+1)\cdot(100-1) = 9999$

a) $102 \cdot 98 = (100+2)\cdot(100-2) = 10\,000 - 4 = 9\,996$
b) $51 \cdot 49 = (50+1)\cdot(50-1) = 2\,500 - 1 = 2\,499$
c) $102^2 = (100+2)^2 = 10\,000 + 400 + 4 = 10\,404$
d) $31^2 = (30+1)^2 = 900 + 60 + 1 = 961$
e) $29^2 = (30-1)^2 = 900 - 60 + 1 = 841$
f) $99^2 = (100-1)^2 = 10\,000 - 200 + 1 = 9\,801$

7 Ein rechteckiges Stück Auslegware ist 2,90 m lang und 3,10 m breit.
Im Ausverkauf kostet jeder Quadratmeter Auslegware 5€.
Reichen dafür 50€? Wie viel fehlt? Wie viel bleibt übrig?
Hinweis: Ein Taschenrechner wird zum Lösen dieser Aufgabe nicht benötigt.

Flächeninhalt: **2,9 m · 3,1 m = (3,0 m − 0,1 m) · (3,0 m + 0,1 m) = 9 m − 0,01m = 8,99 m²**

Preis und Wechselgeld: **8,99 · 5 € = (9 − 0,01) · 5 € = 45 € - 0,05 € = 44,95 €** **50,00 € − 44,95 € = 5,05 €**

50 € reichen. 5,05 € bleiben übrig.

Proportionale Zuordnungen

▶ Grundwissen

Eine Zuordnung der Form $y = mx$ heißt proportionale Zuordnung.
Ihr Graph ist eine Gerade, die durch den Punkt $P(0|0)$ verläuft.

Beispiel:

Anzahl der Brötchen (x)	0	1	4	12
Preis in € (y)	0	0,30	1,20	3,60

Funktionsgleichung: $y = 0{,}3x = \frac{3}{10}x$

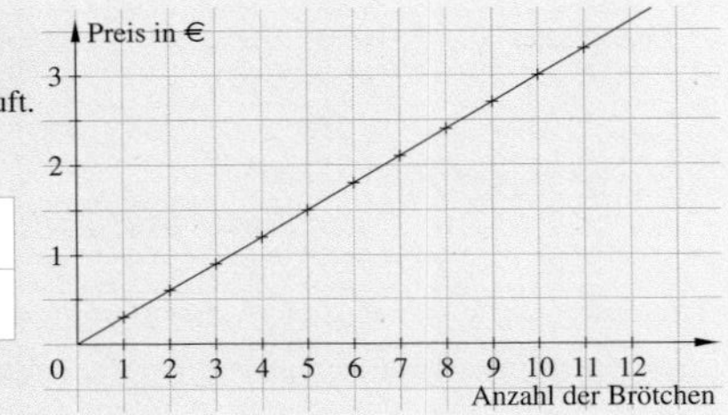

Trainieren

1 Proportionale Zuordnungen im Alltag

Starthilfe $A(1|3)$ $x\uparrow\ y\uparrow$

a) Ergänze die Funktionsgleichungen und die Wertetabellen.

① In jeder Packung sind zwei Muffins. $y = \underline{2}\ x$

Packungen (x)	0	1	2	6
Muffins insgesamt (y)	0	2	4	12

② Jedes der Taxis nimmt vier Fahrgäste mit. $y = \underline{4}\ x$

Taxis (x)	0	1	2	3
Fahrgäste insgesamt (y)	0	4	8	12

③ Ein Bäcker verkauft alles zum halben Preis. $y = \underline{\tfrac{1}{2}}\ x$

alter Preis in € (x)	2	4	8	14
neuer Preis in € (y)	1	2	4	7

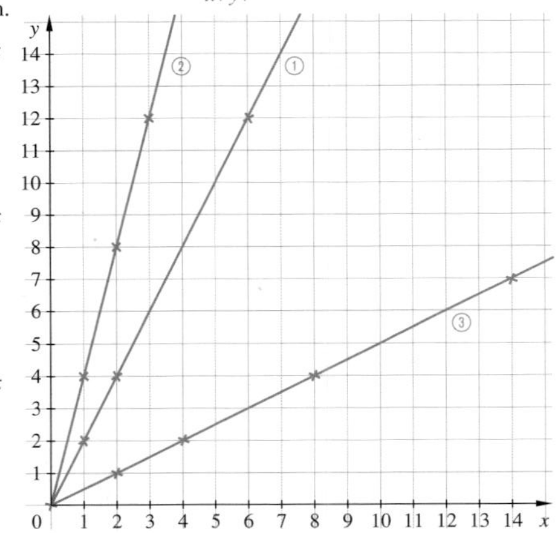

b) Trage die Punkte zu jeder Zuordnung ins Koordinatensystem ein. Zeichne dadurch jeweils eine Gerade.

c) Prüfe, ob bei Teilaufgabe **a** folgende Eigenschaften proportionaler Zuordnungen vorliegen. Kreuze an.

Die Punkte jeder Zuordnung liegen auf einer Geraden.	☒ ja	☐ nein
Der Punkt $P(0|0)$ liegt auf der Geraden.	☒ ja	☐ nein
Die Zuordnung ist eindeutig, d. h., keinem x-Wert ist mehr als ein y-Wert zugeordnet.	☒ ja	☐ nein
Wird ein x-Wert verdoppelt oder verdreifacht, so geschieht dies auch mit dem y-Wert.	☒ ja	☐ nein

2 Kreuze die proportionalen Zuordnungen an.

Starthilfe Gerade? Durch den Punkt $P(0|0)$?

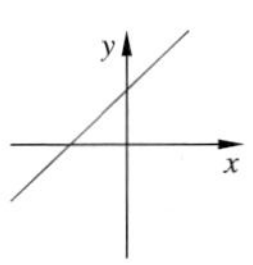
☐ proportionale Zuordnung

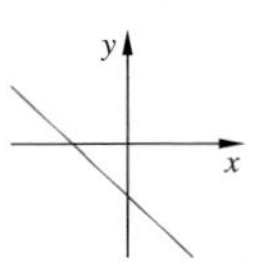
☐ proportionale Zuordnung

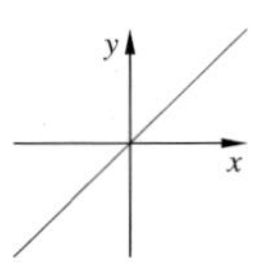
☒ proportionale Zuordnung

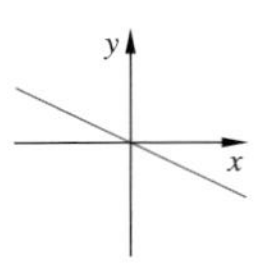
☒ proportionale Zuordnung

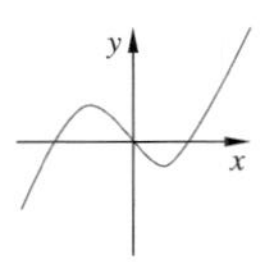
☐ proportionale Zuordnung

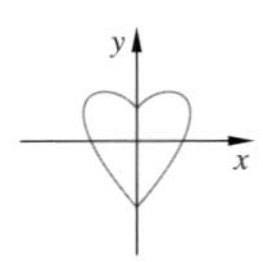
☐ proportionale Zuordnung

3 Funktionsgleichung, Wertetabelle und Graph

Starthilfe zu **a)** $y = 3x$
$y = 3 \cdot (-2) = -6$

a) Ergänze die Wertetabellen.

① Funktionsgleichung: $y = 3x$

x	−2	−1	1	2
y	−6	−3	3	6

② Funktionsgleichung: $y = 5x$

x	−1	0	1	1,5
y	−5	0	5	7,5

③ Funktionsgleichung: $y = 1{,}5x$

x	−2	0	2	4
y	−3	0	3	6

④ Funktionsgleichung: $y = -1{,}5x$

x	−2	0	2	4
y	3	0	−3	−6

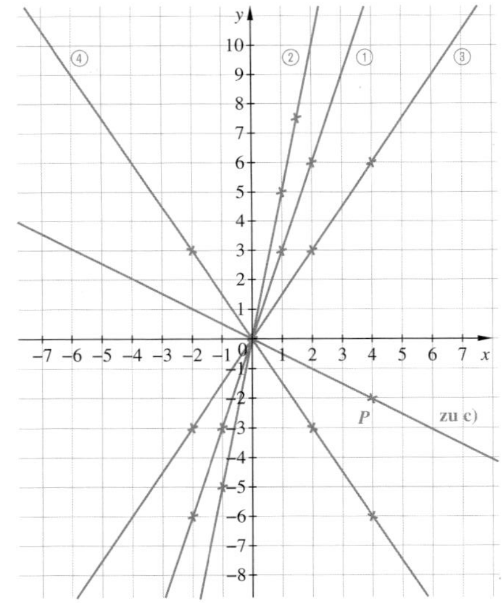

b) Trage zuerst je zwei Punkte im Koordinatensystem ein und zeichne dadurch eine Gerade.
Prüfe jeweils, ob die anderen beiden Punkte auf dem Graphen liegen.

c) Zeichne durch den Punkt $P(4|-2)$ den Graphen einer proportionalen Zuordnung ein.
Kreuze beide passenden Funktionsgleichungen an.
Hinweis: Setze den x-Wert des Punktes ein und ermittle damit den zugehörigen y-Wert.

☒ $y = mx$ ☐ $y = x$ ☐ $y = 4x$ ☐ $y = -2x$ ☒ $y = -0{,}5x$ ☐ $y = \frac{1}{2}x$

Anwenden und Vernetzen

4 Familie Mehlz hat sich drei Tapeten ausgesucht.

a) Ergänze die Preise.

	1 Rolle	5 Rollen	10 Rollen
Raufaser	9,00 €	45,00 €	90,00 €
Struktur	13,50 €	67,50 €	135,00 €
Vlies	15,00 €	75,00 €	150,00 €

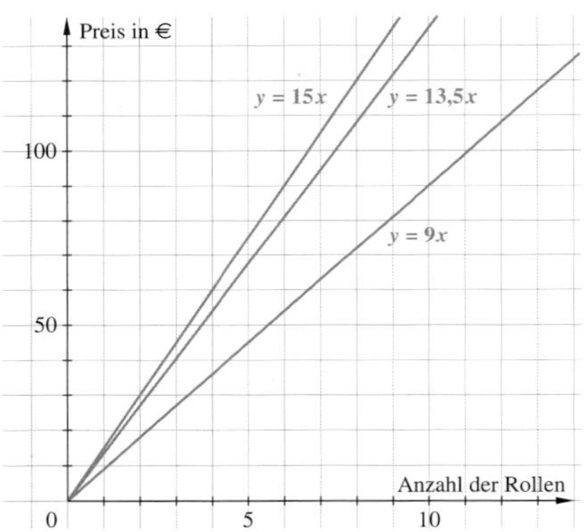

b) Zeichne die zugehörigen Graphen und gib die entsprechenden Funktionsgleichungen an.

c) Wie viele Rollen können für je 100,00 € gekauft werden? Raufaser: 11 Struktur: 7 Vlies: 6

Lineare Funktionen

▶ Grundwissen

Eine Zuordnung der Form $y = mx + n$ heißt lineare Funktion.

Beispiel: Für eine Ferienwohnung sind pro Tag 75 € und einmalig 50 € Reinigungsgebühr zu zahlen.

Anzahl der Tage	2	4	6	8
Gesamtpreis in €	200	350	500	650

Funktionsgleichung: $y = 75x + 50$

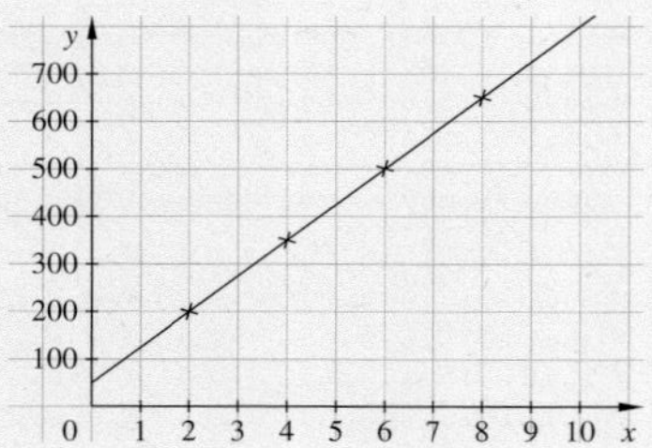

Trainieren

1 Lineare Funktionen im Alltag

Starthilfe $A(1\,|\,3)$ x↑ y↑

a) Ergänze die Wertetabellen.

① In jeder Packung sind zwei Muffins.
Dazu bekommt jeder Käufer einen Muffin geschenkt.

Packungen (x)	0	1	2	6
Muffins insgesamt (y)	1	3	5	13

② Drei Karten sind vom letzten Jahr übrig und somit fertig. Jeden Tag kommt eine fertige Karte hinzu.

Tage (x)	3	4	5	10
Karten insgesamt (y)	6	7	8	13

③ Für den Eintritt sind 7 € zu zahlen.
Jedes Getränk kostet 1 €.

Getränke (x)	0	1	5	7
Gesamtpreis in € (y)	7	8	12	14

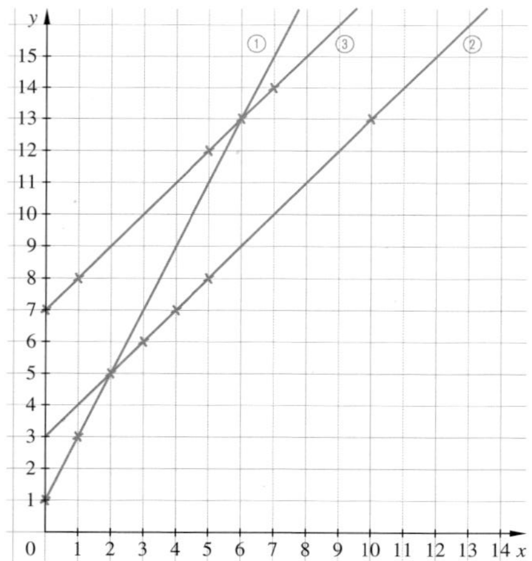

b) Trage die Punkte zu jeder Zuordnung ins Koordinatensystem ein. Zeichne dadurch jeweils eine Gerade.

c) Ordne jeder Wertetabelle bzw. jedem Graphen eine Funktionsgleichung zu. Trage die entsprechende Nummer ein.

① $y = 2x + 1$ ② $y = x + 3$ ○ $y = -2x + 2$ ○ $y = 2x - 2$ ○ $y = x - 3$ ③ $y = x + 7$

2 Kreuze die linearen Funktionen an.

Starthilfe Gerade?
Zu keinem x-Wert mehr als ein y-Wert?

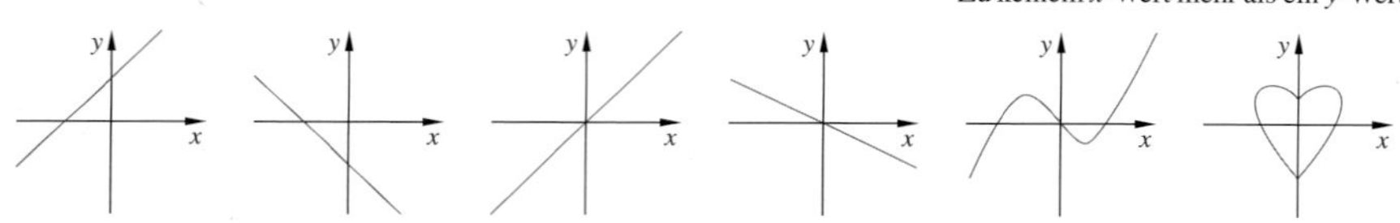

☒ lineare Funktion ☒ lineare Funktion ☒ lineare Funktion ☒ lineare Funktion ☐ lineare Funktion ☐ lineare Funktion

3 Funktionsgleichung, Wertetabelle und Graph

Starthilfe zu **a)** $y = 3x + 1$
$y = 3 \cdot (-1) + 1 = -3 + 1 = -2$

a) Ergänze die Wertetabellen.

① Funktionsgleichung: $y = 3x + 1$

x	−1	0	1	2
y	−2	1	4	7

② Funktionsgleichung: $y = 5x - 1$

x	−1	0	1	2
y	−6	−1	4	9

③ Funktionsgleichung: $y = 0{,}5x + 2$

x	−2	0	4	8
y	1	2	4	6

④ Funktionsgleichung: $y = -2x - 3$

x	−4	0	1	2
y	5	−3	−5	−7

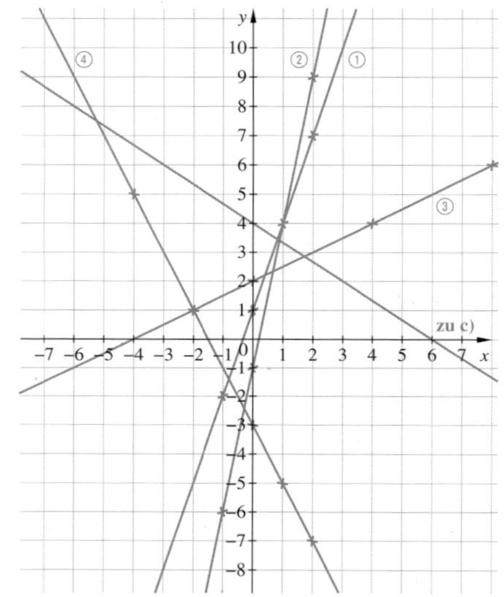

b) Trage zuerst je zwei Punkte im Koordinatensystem ein und zeichne dadurch eine Gerade.
Prüfe jeweils, ob die anderen beiden Punkte auf dem Graphen liegen.

c) Zeichne den Graphen einer linearen Funktion durch die Punkte $P(0|4)$ und $Q(6|0)$ ein.
Kreuze beide passenden Funktionsgleichungen an.
Hinweis: Setze den x-Wert des Punktes ein und ermittle damit den zugehörigen y-Wert.

☐ $y = mx$ ☒ $y = mx + n$ ☐ $y = n$ ☐ $y = \frac{2}{3}x + 4$ ☐ $y = -\frac{2}{3}x - 4$ ☒ $y = -\frac{2}{3}x + 4$

Anwenden und Vernetzen

4 In ein neues quaderförmiges Schwimmbecken wird erstmalig Wasser eingelassen.
Man ist sich nicht sicher, ob der Boden undicht ist und Wasser im sandigen Untergrund versickert.
Wenn das Becken dicht ist, steigt das Wasser um 0,2 m je Stunde.

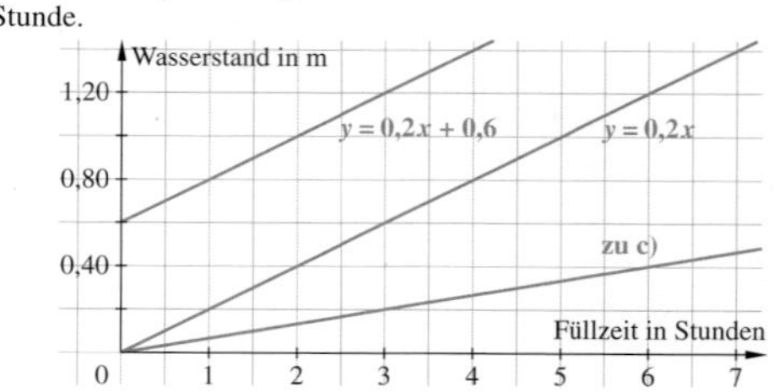

a) Stell dir vor: Das Becken ist leer, dicht und wird vollständig gefüllt.
Zeichne einen entsprechenden Graphen und gib die zugehörige Funktionsgleichung am Graphen an.
Hinweis: Rechne wenn nötig auf einem zusätzlichen Blatt.

b) Stell dir vor: Das Becken ist bis zu 0,6 m voll, dicht und wird gefüllt.
Zeichne einen entsprechenden Graphen und gib die zugehörige Funktionsgleichung am Graphen an.
Hinweis: Rechne wenn nötig auf einem zusätzlichen Blatt.

c) Stell dir vor: Das Becken ist leer, undicht und wird gefüllt. Skizziere einen derartigen Graphen.

Kapitel Vielecke und Kreise

1 Gib zuerst die Formel zur Berechnung des Flächeninhalts der Figur an.
Berechne danach den Flächeninhalt. Entnimm die dazu benötigten Längen den Zeichnungen.

a)

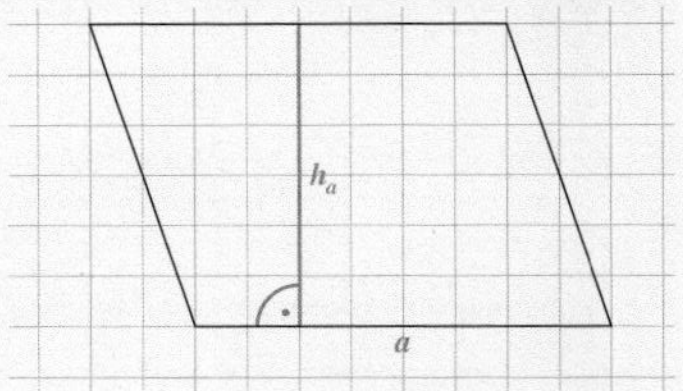

$A = a \cdot h_a = 4\text{ cm} \cdot 3\text{ cm} = 12\text{ cm}^2$

b)

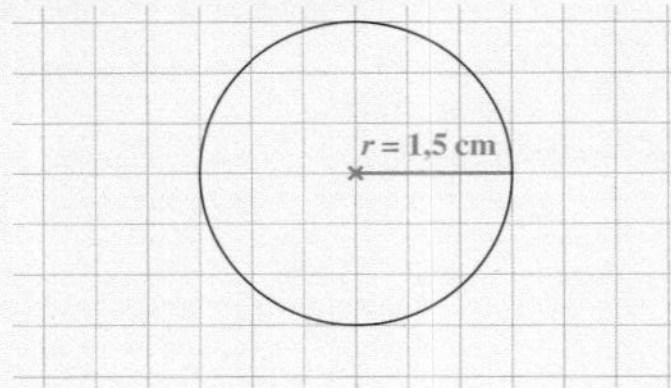

$A = r^2 \cdot \pi = (1{,}5\text{ cm})^2 \cdot \pi \approx 7{,}07\text{ cm}^2 \approx 7\text{ cm}^2$

c)

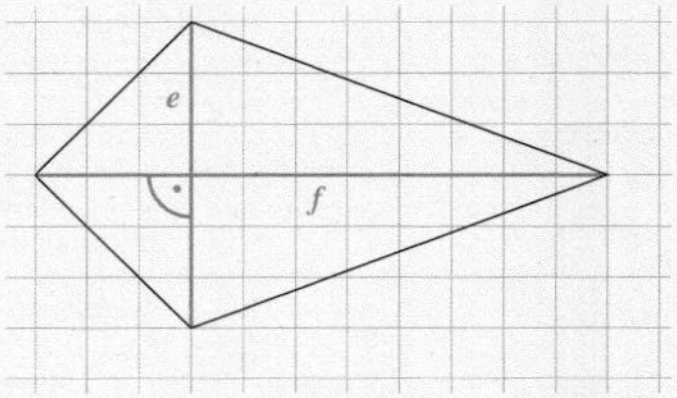

$A = \frac{e \cdot f}{2} = \frac{3\text{ cm} \cdot 5{,}5\text{ cm}}{2} = 8{,}25\text{ cm}^2$

d)

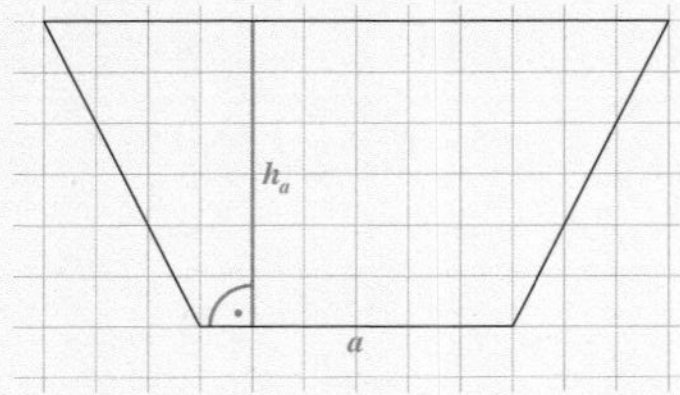

$A = \frac{a+c}{2} \cdot h_a = \frac{3\text{ cm} + 6\text{ cm}}{2} \cdot 3\text{ cm} = 13{,}5\text{ cm}^2$

2 Ergänze die Figuren.

a) 5 cm² großes Dreieck
z. B.

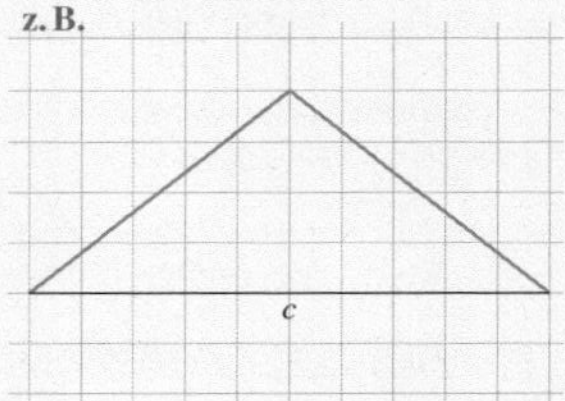

b) 3,14 cm² großer Kreis

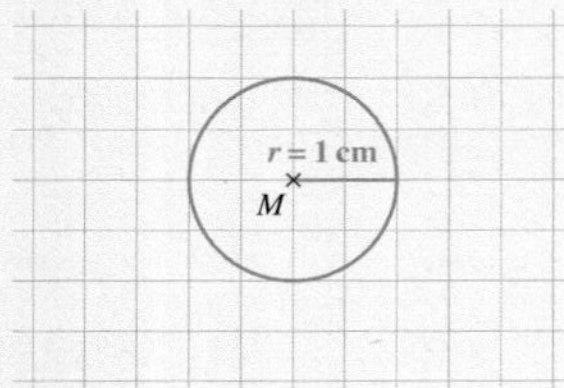

c) 4 cm² großes Parallelogramm

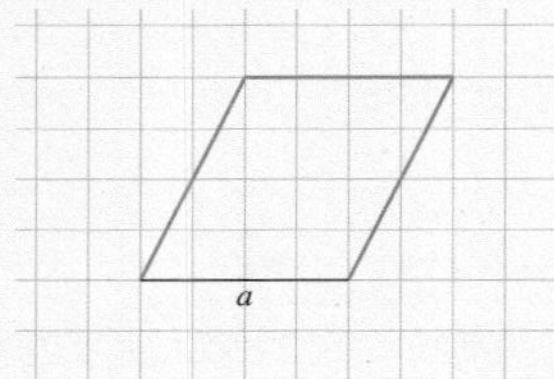

3 An eine Hauswand soll die rechts abgebildete große „1“ mit Farbe gemalt werden.
Damit sie auch nachts sichtbar ist, wird ringsherum ein Lichtschlauch angebracht.

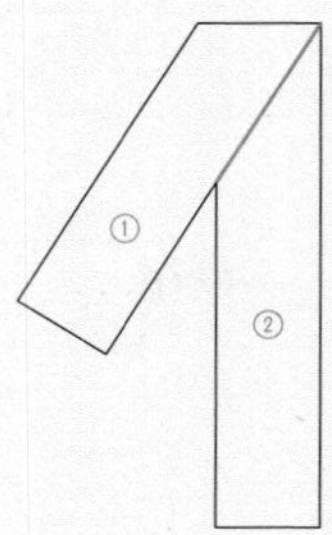

a) Für wie viele volle Quadratmeter ist Farbe zu kaufen?
z. B.
① $m = \frac{3{,}9\text{ m} + 3{,}3\text{ m}}{2} = 3{,}6\text{ m}$ $A = 3{,}6\text{ m} \cdot 1\text{ m} = 3{,}6\text{ m}^2$
② $m = \frac{5\text{ m} + 3{,}4\text{ m}}{2} = 4{,}2\text{ m}$ $A = 4{,}2\text{ m} \cdot 1\text{ cm} = 4{,}2\text{ m}^2$
$3{,}6\text{ m}^2 + 4{,}2\text{ m}^2 = 7{,}8\text{ m}^2$ Für 8 m² ist Farbe zu kaufen.

b) Wie viel volle Meter Lichtschlauch sollten gekauft werden?
z. B.
$1\text{ m} + 5\text{ m} + 1{,}2\text{ m} + 3{,}3\text{ m} + 1\text{ m} + 2\text{ m} + 3{,}4\text{ cm} = 16{,}9\text{ m} \approx 17\text{ m}$
17 m Lichtschlauch sollten gekauft werden.

Kapitel Lineare Gleichungen

1 Kreuze jeweils die Lösung an.

a) $x + 6 = 10$ ☐ 1 ☐ 2 ☐ 3 ☒ 4 ☐ 5
b) $9x = 45$ ☐ 1 ☐ 2 ☐ 3 ☐ 4 ☒ 5
c) $5x - 1 = 14$ ☐ 0 ☐ 1 ☐ 2 ☒ 3 ☐ 4

2 Wie viele ◯ sind so schwer wie ein ☒?
Ergänze die Gleichungen bzw. die Zeichnungen.

a)

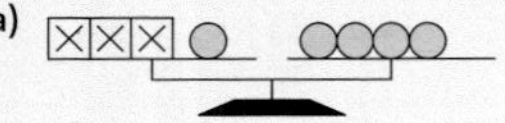

$3x + 1 = 4$ | − 1

$3x = 3$ | : 3

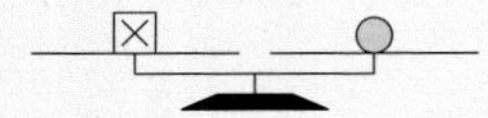

$x = 1$

b)

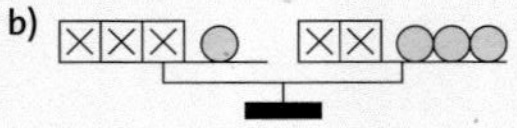

$3x + 1 = 2x + 3$ | − 1

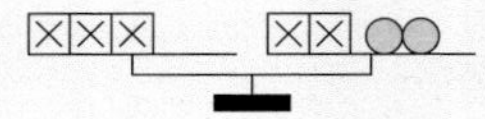

$3x = 2x + 2$ | − 2x

$x = 2$

c)

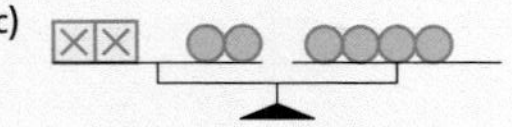

$2x + 2 = 4$ | − 2

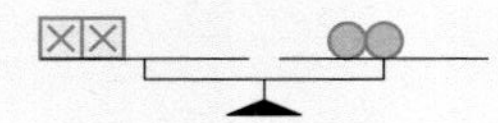

$2x = 2$ | : 2

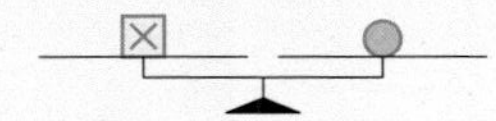

$x = 1$

3 Löse die Gleichungen.

a)
$x - 8 = 14$ | + 8
$x = 22$

b)
$2x + 5 = 19$ | − 5
$2x = 14$ | : 2
$x = 7$

c)
$5x - 2 = 2x + 10$ | + 2
$5x = 2x + 12$ | − 2x
$3x = 12$ | : 3
$x = 4$

4 Folgende Gleichungen wurden falsch gelöst.
Unterstreiche zuerst die Fehler. Löse danach richtig.

a)
$2x - 10 = 2$ | +10
$2x = 12$ | : 2
$x = 10$ $x = 6$

b)
$5x = x + 40$ | + x
$5x = 40$ | : 5
$x = 8$

zu b) $5x = x + 40$ | − x
$4x = 40$ | : 4
$x = 10$

5 Herr Knut kauft 6 Kinokarten.
Er zahlt mit einem 50-Euro-Schein und bekommt 14 Euro zurück.

a) Kreuze die passende Gleichung an.
☐ $14 - 6x = 50$ ☒ $6x + 14 = 50$ ☐ $14x + 6 = 50$

b) Berechne, wie viel eine Kinokarte kostet.

$6x + 14 = 50$ | − 14
$6x = 36$ | : 6
$x = 6$

Eine Kinokarte kostet 6 €.

Kapitel Prozent- und Zinsrechnung

1 Färbe den jeweils gegebenen Prozentsatz der Fläche ein.

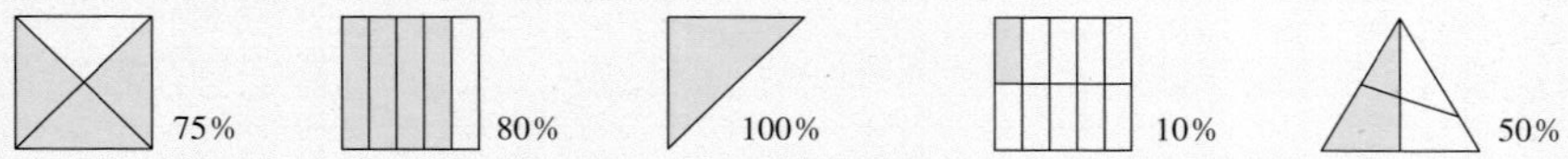

2 Vergleiche.

a) 5 % < 5 b) 20 % > 0,1 c) 0,3 = 30 % d) $\frac{1}{100}$ = 1 %

3 Ergänze die Tabelle.

Prozentsatz $p\,\%$	10 %	20 %	50 %	25 %	1 %	5 %	90 %
Grundwert G	500 €	800 €	240 €	400 €	9 500 €	2 100 €	10 000 €
Prozentwert W	50 €	160 €	120 €	100 €	95 €	105 €	9 000 €

4 Die Länge des dickeren schwarzen Rahmens stellt jeweils den ehemaligen Preis dar.
Ergänze jeweils den Prozentsatz und veranschauliche den neuen Preis in der Zeichnung.

a) Der Preis wird um 50 % erhöht – auf 150 %.

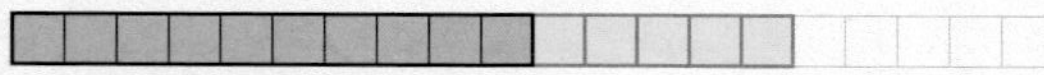

b) Der Preis wird um 20 % reduziert – auf 80 %.

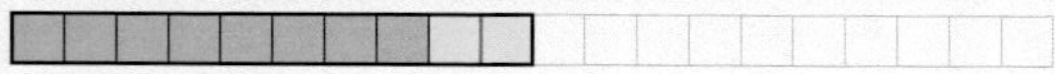

5 Berechne jeweils die Zinsen für die angegebene Anlagedauer.

Kapital	1 000,00 €	1 000,00 €	1 000,00 €	1 000,00 €	1 000,00 €	1 000,00 €
Zinssatz p. a.	3 %	12 %	6 %	8 %	3 %	12 %
Zinsen für ein Jahr	30 €	120 €	60 €	80 €	30 €	120 €
Anlagedauer	$\frac{1}{2}$ Jahr	1 Monat	4 Monate	90 Tage	60 Tage	15 Tage
Zinsen für die Anlagedauer	15 €	10 €	20 €	20 €	5 €	5 €

6 Löse die Aufgaben zur Zinsrechnung.
Hinweis: Rechne wenn nötig auf einem zusätzlichen Blatt.

a) Frau Martens leiht sich für ein Jahr 500 €. Sie zahlt dafür 50 € Jahreszinsen. Ermittle den Zinssatz.

z. B.
$p\,\% = \frac{50\,€}{500\,€} = 0{,}1 = 10\,\%$ **Der Zinssatz beträgt 10 % p.a.**

b) Herr Erdem erhielt bei einem Zinssatz von 3 % p. a. nach einem Jahr 69 € Zinsen. Ermittle das Anfangskapital.

z. B.
$K = \frac{69\,€ \cdot 100}{3} = 2\,300\,€$ **Herr Erdem hat 2 300 € angelegt.**

c) Frau Alvarez legt 2 000 € zu einem Zinssatz von 2 % p. a. für $1\frac{1}{2}$ Jahre an. Die Zinsen werden mitverzinst.
Berechne die insgesamt anfallenden Zinsen.

Zinsen für das 1. Jahr: 40 € **Kapital nach dem 1. Jahr: 2 040 €** **Zinsen für das halbe Jahr: 20,40 €**

Zinsen insgesamt: 40,00 € + 20,40 € = 60,40 € **60,40 € Zinsen fallen insgesamt an.**

Kapitel Prismen und Zylinder

1 Kreuze jeweils die Form an.

☒ Prisma ☐ Zylinder	☐ Prisma ☒ Zylinder	☒ Prisma ☐ Zylinder	☒ Prisma ☐ Zylinder

2 Entnimm die benötigten Maße dem Netz des Prismas.
Es wurde im Maßstab 1 : 1 gezeichnet.

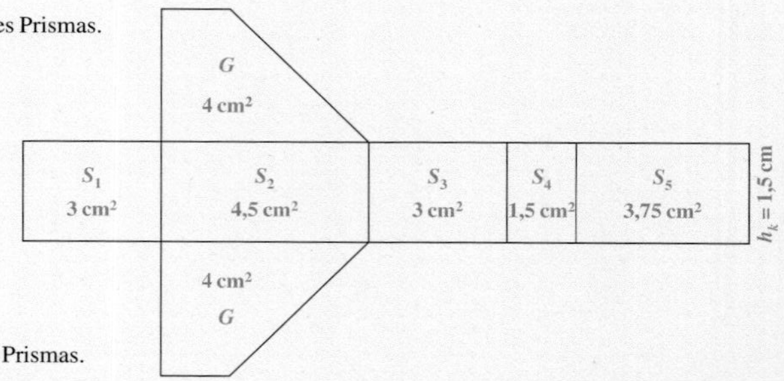

a) Markiere die Seitenflächen, die Körperhöhe sowie die Grund- und die Deckfläche.
Lege dazu Farben fest.

☐ Seitenflächen S

☐ Grund- und Deckfläche G

☐ Körperhöhe h_k

b) Berechne die Größe der Oberfläche des Prismas.

$3\,cm^2 + 4{,}5\,cm^2 + 3\,cm^2 + 1{,}5\,cm^2 + 3{,}75\,cm^2 + 2 \cdot 4\,cm^2 = 15{,}75\,cm^2 + 8\,cm^2 = 23{,}75\,cm^2$

c) Berechne das Volumen des Prismas.

$4\,cm^2 \cdot 1{,}5\,cm = 6\,cm^3$

3 Entnimm die benötigten Maße dem Schrägbild des Zylinders. Es wurde im Maßstab 1 : 1 gezeichnet.

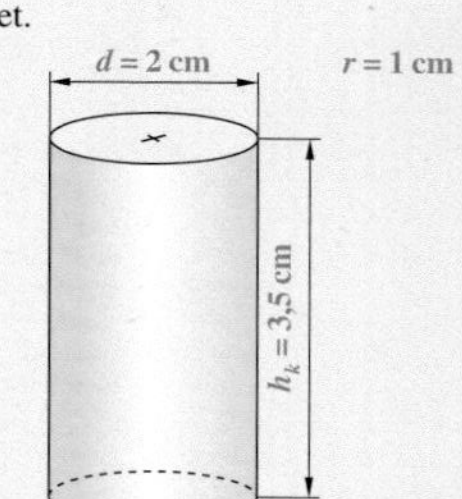

a) Berechne die Größe der Oberfläche des Zylinders.
Runde auf die zweite Stelle nach dem Komma.

Grundfläche: $\pi \cdot (1\,cm)^2 \approx 3{,}14\,cm^2$

Mantel: $2 \cdot 1\,cm \cdot \pi \cdot 3{,}5\,cm \approx 21{,}99\,cm^2$

Oberfläche: $21{,}99\,cm^2 + 2 \cdot 3{,}14\,cm = 28{,}27\,cm^2$

b) Berechne das Volumen des Zylinders.
Runde auf die zweite Stelle nach dem Komma.

Grundfläche: $\pi \cdot (1\,cm)^2 \approx 3{,}14\,cm^2$ Volumen: $3{,}14\,cm^2 \cdot 3{,}5\,cm = 10{,}99\,cm^2$

4 Nenne je zwei Beispiele für Prismen und Zylinder im Alltag.

z. B. Prisma: **Container für Bauabfälle, Weihnachtsplätzchen in Sternform**

z. B. Zylinder: **grades rundes Trinkglas, runde Säule**

Kapitel Rechnen mit Klammern

1 Löse die Klammern auf.

a) $3(x+10) = 3x + 30$ **b)** $5(x+3y-7) = 5x + 15y - 35$

c) $(4x-8y+1)\cdot 4 = 16x - 32y + 4$ **d)** $(2a+9b+3)\cdot 2a = 4a^2 + 18ab + 6a$

2 Setze „=“ bzw. „≠“ ein. Unterstreiche gegebenenfalls rechts vom „≠“ den Fehler.

a) $4(a+5)$ = $4a+20$ **b)** $7a-7b$ ≠ $7(a+b)$ **c)** $8a-16b$ = $8(a-2b)$ **d)** $9x+90$ ≠ $9(x+90)$

3 Klammere jeweils den gemeinsamen Faktor aus.

a) $2b+2c = 2(b+c)$ **b)** $xy - xz = x(y-z)$

c) $3xy - 3xz = 3x(y-z)$ **d)** $10ab + 30bc + 50b = 10b(a+3c+5)$

4 Multiplizieren von Summen und Flächeninhalte

a) Schreibe zuerst die Produkte in die entsprechenden Rechtecke bzw. ergänze die Seitenlängen.

b) Gib danach je einen Term mit und ohne Klammern zur Berechnung des gesamten Flächeninhalts an.

	x	10
$3y$	$3xy$	$30y$
4	$4a$	40

$(x+10)\cdot(3y+4) = 3xy + 4x + 30y + 40$

	a	9
2	$2a$	18
$5b$	$5ab$	$45b$

$(a+9)\cdot(2+5b) = 2a + 5ab + 18 + 45b$

5 Multipliziere.

a) $(4+a)\cdot(8+b) = 32 + 4b + 8a + ab$ **b)** $(90x+y)\cdot(x+1) = 90x^2 + 90x + xy + y$

c) $(10+u)\cdot(2-v) = 20 - 10v + 2u - uv$ **d)** $(u-13)\cdot(v-3) = uv - 3u - 13v + 39$

6 Forme mithilfe der jeweils passenden binomischen Formel um.

a) $(6+p)^2 = 36 + 12p + p^2$ **b)** $(r+9)\cdot(r-9) = r^2 - 81$

c) $(5-4s)^2 = 25 - 40s + 16s^2$ **d)** $(10x+2y)^2 = 100x^2 + 40xy + 4y^2$

e) $(x-3y)\cdot(x+3y) = x^2 - 9y^2$ **f)** $(8x-1)\cdot(8x-1) = 64x^2 - 16x + 1$

7 Bei einem Unwetter gingen mehrere 55 cm mal 45 cm große Glasscheiben kaputt.
Der Preis für die neuen Scheiben ist abhängig von deren Größe.
Berechne ohne Taschenrechner die Größe einer der Glasscheiben.
Hinweis: Runde das Ergebnis sinnvoll und wähle eine praxistaugliche Einheit.

$55\text{ cm}\cdot 45\text{ cm} = (50\text{ cm} + 5\text{ cm})\cdot(50\text{ cm} - 5\text{ cm}) = 2500\text{ cm}^2 - 25\text{ cm}^2 = 2475\text{ cm}^2$

z. B.
$2475\text{ cm}^2 = 24{,}75\text{ dm}^2 \approx 25\text{ dm}^2 = 0{,}25\text{ dm}^2 = \frac{1}{4}\text{ m}^2$ Eine Glasscheibe ist ca. 25 dm² groß.

Kapitel Zuordnungen und Funktionen

1 Kreuze Zutreffendes an.

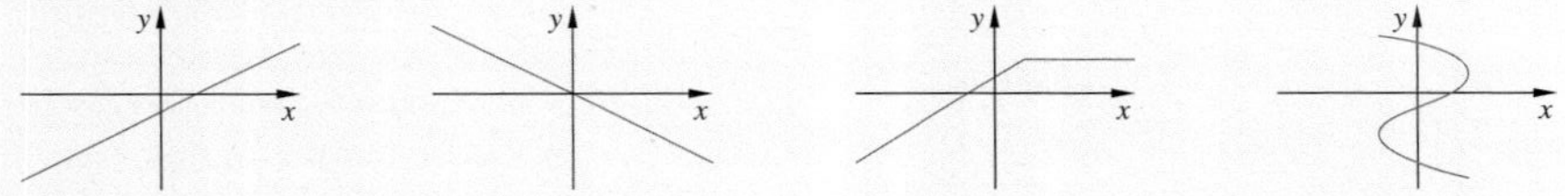

Graph 1	Graph 2	Graph 3	Graph 4
☐ proportionale Zuordnung	☒ proportionale Zuordnung	☐ proportionale Zuordnung	☐ proportionale Zuordnung
☒ lineare Zuordnung	☒ lineare Zuordnung	☐ lineare Zuordnung	☐ lineare Zuordnung

2 Funktionsgleichung, Wertetabelle und Graph

a) Ergänze die Wertetabellen und zeichne die Graphen.

① Funktionsgleichung: $y = 4x + 1$

x	−1	0	1	1,5
y	−3	1	5	7

② Funktionsgleichung: $y = 1{,}2x$

x	−2,5	0	2,5	5
y	−3	0	3	6

③ Funktionsgleichung: $y = 1{,}2x - 3$

x	−2,5	0	2,5	5
y	−6	−3	0	3

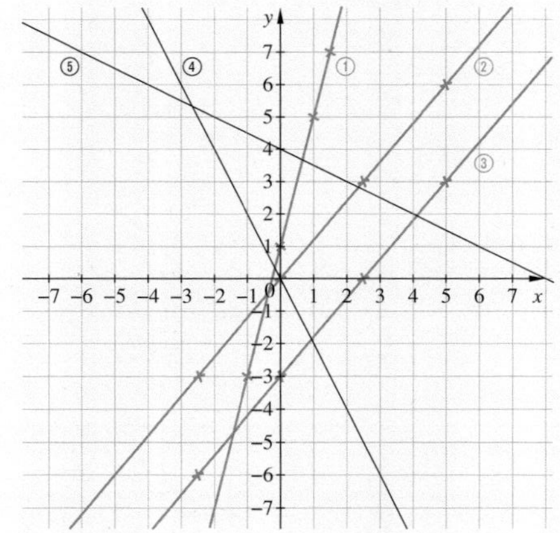

b) Kreuze die passenden Funktionsgleichungen an.

Graph ④	☐ $4x$	☒ $-2x$	☐ $\frac{1}{2}x$	☐ $-\frac{1}{2}x$
Graph ⑤	☐ $\frac{1}{2}x+4$	☒ $-\frac{1}{2}x+4$	☐ $\frac{1}{2}x-4$	☐ $-\frac{1}{2}x-4$

c) Ergänze eine Zahl in der Funktionsgleichung, sodass der Punkt $P(5|1)$ auf dem zugehörigen Graphen liegt. $y = 0{,}2\,x$

3 Der Graph beschreibt den Tagesmietpreis für ein Auto in Abhängigkeit von der Fahrstrecke.
Ermittle damit folgende Kosten.

Gesamtpreis für 300 km an einem Tag: 60 €

Grundpreis pro Tag (ohne Fahrstrecke): 30 €

Kosten pro 100 km Fahrstrecke (ohne Grundpreis): 10 €

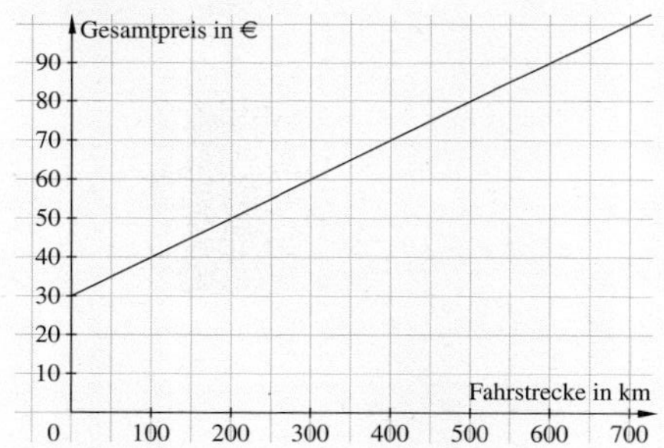

Jahrgangsstufentest

1

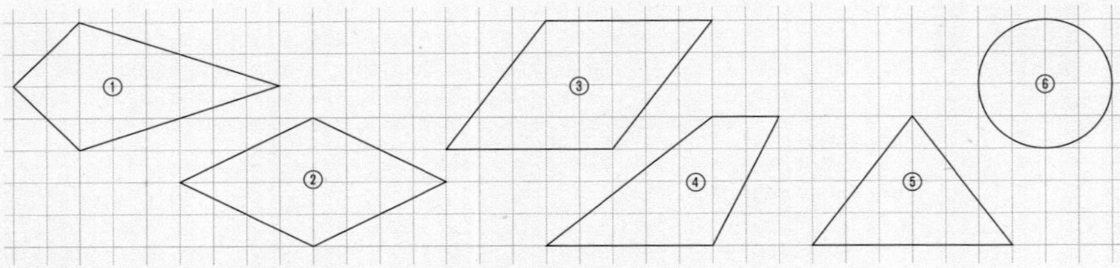

a) Benenne jede Fläche möglichst genau und berechne die Flächeninhalte.
Miss die dazu benötigten Strecken.

① Drachen — $A = \frac{2\,cm \cdot 4\,cm}{2} = 4\,cm^2$

② Raute — $A = \frac{2\,cm \cdot 4\,cm}{2} = 4\,cm^2$

③ Parallelogramm — $A = 2{,}5\,cm \cdot 2\,cm = 5\,cm^2$

④ Trapez — $A = \frac{2{,}5\,cm + 1\,cm}{2} \cdot 2\,cm = 3{,}5\,cm^2$

⑤ Dreieck (gleichschenkliges stumpfwinkliges Dreieck) — $A = \frac{3\,cm \cdot 2\,cm}{2} = 3\,cm^2$

⑥ Kreis — $A = (1\,cm)^2 \cdot \pi = 3{,}14\,cm^2$

b) Welche der Flächen hat den kleinsten Umfang? ⑥ Kreis

c) Die Vierecke sind Grundflächen von geraden 5 cm hohen Prismen.
Welche der Körper haben gleich große Volumen? Körper mit den Grundflächen ① und ②

2 Luis sagt: „Jede der 7 Reihen hatte gleich viele Stühle. Ich habe von einer Reihe 2 Stühle weggenommen. Insgesamt sind es dadurch 40 Stühle."

Berechne die Anzahl der Stühle in den Reihen mithilfe einer Gleichung.
Hinweis: Veranschauliche zur Kontrolle die Stuhlreihen.

$7x - 2 = 40$	$\mid +2$
$7x = 42$	$\mid :7$
$x = 6$	

Es sind sechs Reihen mit 6 Stühlen und eine Reihe mit 4 Stühlen.

3 Berechne.

a) Wie viel sind 60 % von 150 Punkten?

Anteil (p %)	Punkte
100 %	150
1 %	1,5
60 %	90

(: 100, · 60 auf beiden Seiten)

60 % von 150 Punkten sind 90 Punkte.

b) 5 % sind 15 Punkte. Wie viel sind 100 %?

Anteil (p %)	Punkte
5 %	15
1 %	3
100 %	300

(: 5, · 100 auf beiden Seiten)

100 % sind 300 Punkte.

4 Multipliziere.

a) $7 \cdot (2 + e) = 14 + 7e$

b) $(2 - f) \cdot (2 + f) = 4 - f^2$

c) $(2 - z)^2 = 4 - 4z + z^2$

d) $(2 + h)^2 = 4 + 4h + h^2$

5 Bankgeschäfte
Hinweis: Rechne gegebenenfalls auf einem zusätzlichen Blatt.

a) Eine Bank bietet einen Zinssatz von 3 % p.a., wenn 10 000,00 € für 2,5 Jahre angelegt werden.
Man kann entscheiden, ob jeweils die Zinsen für ein Jahr ausgezahlt oder mitverzinst werden sollen.
Ermittle mithilfe der Tabellen den Unterschied der insgesamt anfallenden Zinsen.

Zinsen werden jeweils am Jahresende ausgezahlt		
	Zinsen	Kapital
Anfang		10 000,00 €
nach 1 Jahr	300,00 €	10 000,00 €
nach 2 Jahren	300,00 €	10 000,00 €
nach 2,5 Jahren	150,00 €	10 000,00 €
Gesamtsumme der Zinsen	750,00 €	

Zinsen werden jeweils mitverzinst		
	Zinsen	Kapital
Anfang		10 000,00 €
nach 1 Jahr	300,00 €	10 300,00 €
nach 2 Jahren	309,00 €	10 609,00 €
nach 2,5 Jahren	159,14 €	10 768,14 €
Gesamtsumme der Zinsen	768,14 €	

Wenn die Zinsen mitverzinst werden, fallen insgesamt 18,14 € Zinsen mehr an.

b) Die Zinsen werden jeweils am Jahresende ausgezahlt.
Mit welcher Gleichung könnten die jeweils insgesamt ausgezahlten Zinsen berechnet werden.
Kreuze an.

☒ $y = 300x$ ☐ $y = 1000x$ ☐ $y = 300x + 1000$ ☐ $y = 1000x + 300$

c) Welcher Geldbetrag wurde angelegt, wenn nach einem Jahr 750 € ausgezahlt werden können?

25 000 € wurden angelegt.

6 Trage die Buchstaben der gesuchten Begriffe in die Kästchen ein.
Wenn alles richtig ist, ergibt sich ein Lösungswort.

1. Halb so lang wie der Durchmesser ist der …
2. Eine Fläche ohne Ecken ist ein …
3. Die Graphen linearer Funktionen sind …
4. Zwei Terme mit „=" dazwischen ergeben eine …
5. 1 % ist ein …
6. Ein Viereck mit einem Paar zueinander paralleler Seiten ist ein …
7. In der Zinsrechnung entsprechen dem Prozentwert die …
8. Die Umkehroperation zur Multiplikation ist die …
9. Eine Gleichung kann man durch … lösen.
10. Kubikzentimeter ist eine Einheit für …
11. Einen gebogenen Mantel hat jeder …
12. Ein oft genutztes Rechenverfahren ist der …
13. Sonderfälle bei der Multiplikation von Summen stellen die … Formeln dar.
14. Ein x-Wert und ein y-Wert gehören zu jedem …

1. R A D I U S
2. K R E I S
3. G E R A D E N
4. G L E I C H U N G
5. H U N D E R T S T E L
6. T R A P E Z
7. J A H R E S Z I N S E N
8. D I V I S I O N
9. P R O B I E R E N
10. V O L U M E N
11. Z Y L I N D E R
12. D R E I S A T Z
13. B I N O M I S C H E N
14. P U N K T

Inhaltsverzeichnis

Dieses Heft gehört:		Klasse:	

Flächeninhalt vom Dreieck

▶ Grundwissen

Flächeninhalt: $A_{\text{Dreieck}} = \frac{g \cdot h_g}{2}$

Beispiel: $A = \frac{6\,\text{cm} \cdot 2\,\text{cm}}{2} = 6\,\text{cm}^2$

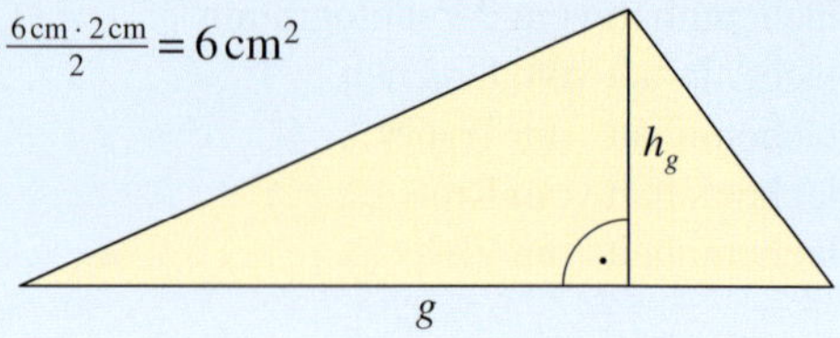

Trainieren

1 Gib jeweils zuerst den Flächeninhalt des Rechtecks und danach des Dreiecks ABC an.
Hinweis: Markiere gleich große Dreiecke.

Starthilfe
1. Schneide ein derartiges Viereck aus.
2. Schneide daraus das Dreieck ABC aus.
3. Lege Dreieck ABC mit „Resten" aus.

a)

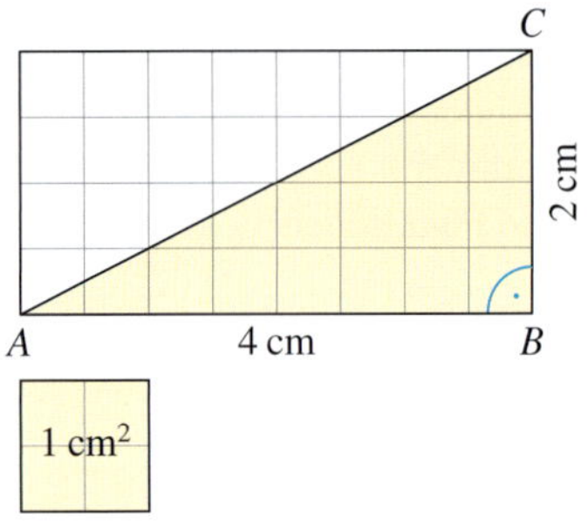

Rechteck: $A = 4\,\text{cm} \cdot 2\,\text{cm} =$ ______

Dreieck: $A = \frac{4\,\text{cm} \cdot 2\,\text{cm}}{2} =$ ______

b)

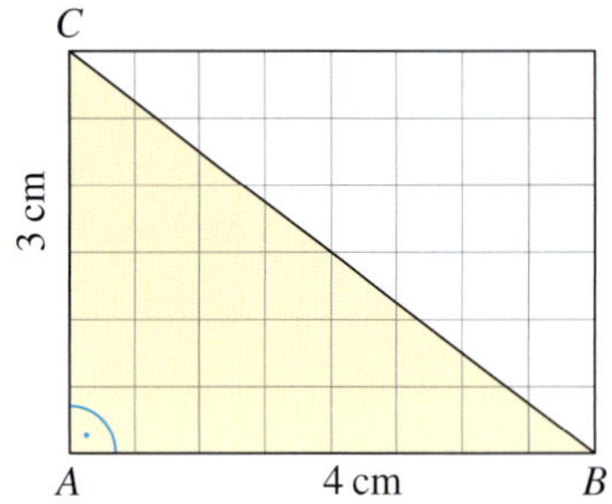

Rechteck: $A =$ ______

Dreieck: $A =$ ______

c)

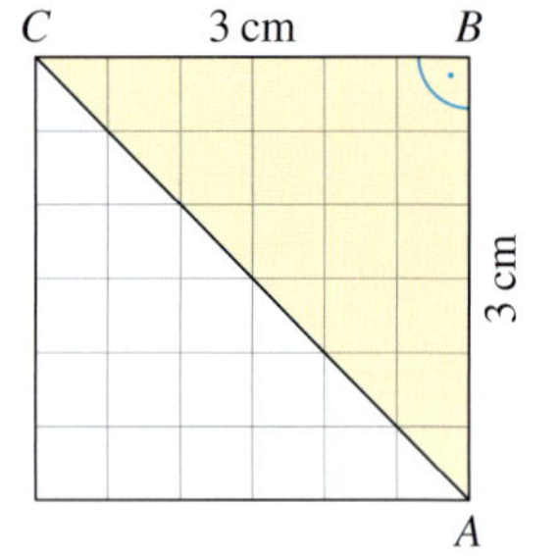

Rechteck: $A =$ ______

Dreieck: $A =$ ______

d)

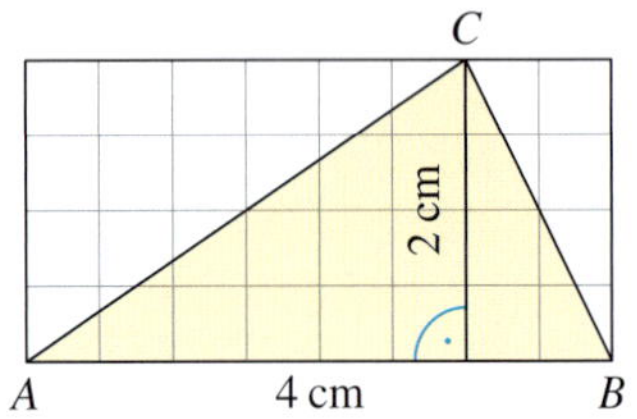

Rechteck: $A = 4\,\text{cm} \cdot 2\,\text{cm} =$ ______

Dreieck: $A = \frac{4\,\text{cm} \cdot 2\,\text{cm}}{2} =$ ______

e)

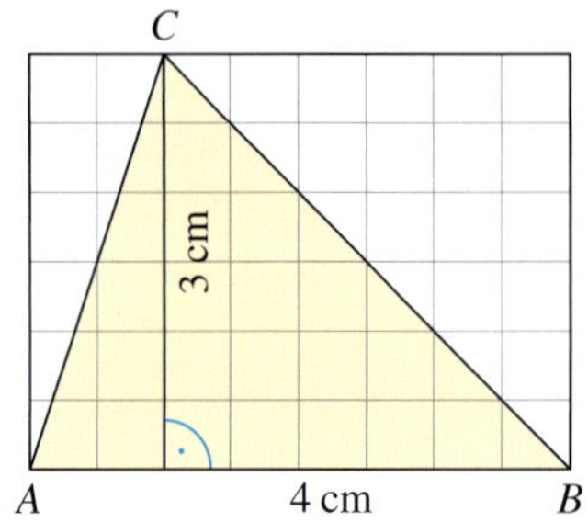

Rechteck: $A =$ ______

Dreieck: $A =$ ______

f)

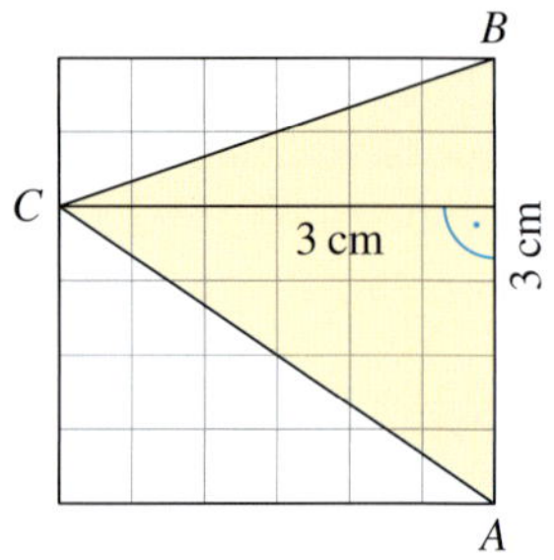

Rechteck: $A =$ ______

Dreieck: $A =$ ______

2 Beschrifte bei Aufgabe 1 in jedem Dreieck ABC eine Grundseite und die zugehörige Höhe.

Starthilfe

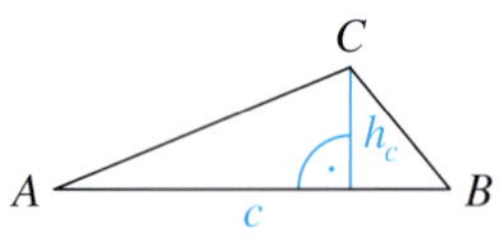

3 Berechne jeweils den Flächeninhalt des Dreiecks.

Starthilfe $A_{\text{Dreieck}} = \frac{g \cdot h_g}{2}$

a)

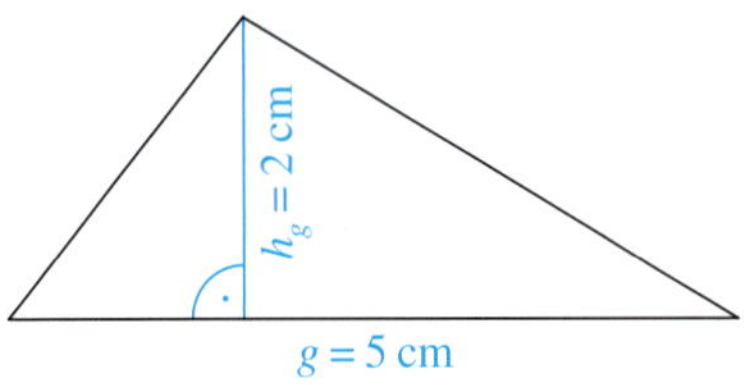

$A =$ ______

b)

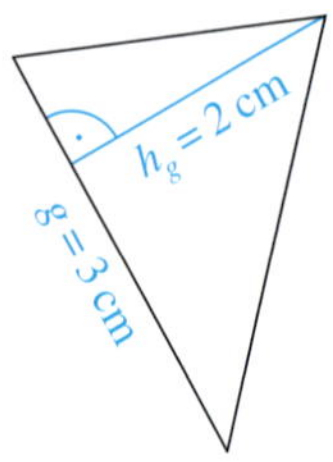

$A =$ ______

c)

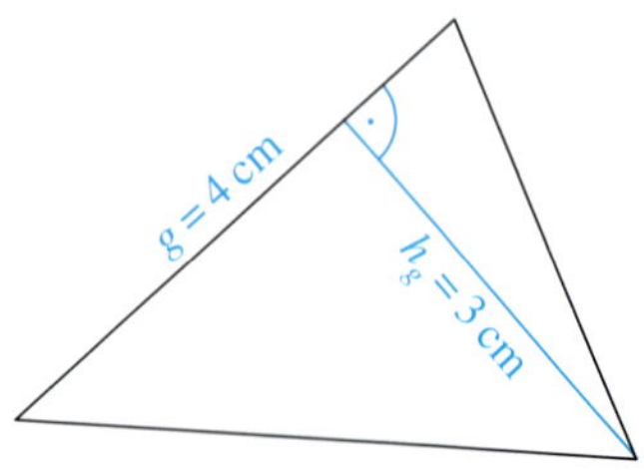

$A =$ ______

4 Zeichne zuerst die Höhe h_c ein.
Berechne dann den Flächeninhalt.

Starthilfe h_c ist die Höhe auf der Seite c.
$A = \frac{c \cdot h_c}{2}$

a)
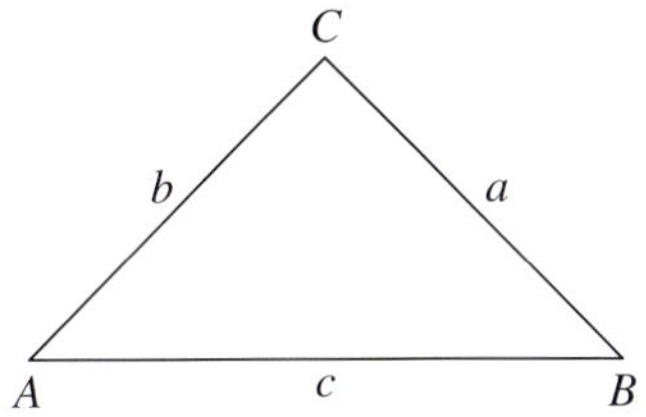

$A =$ ____________

b)
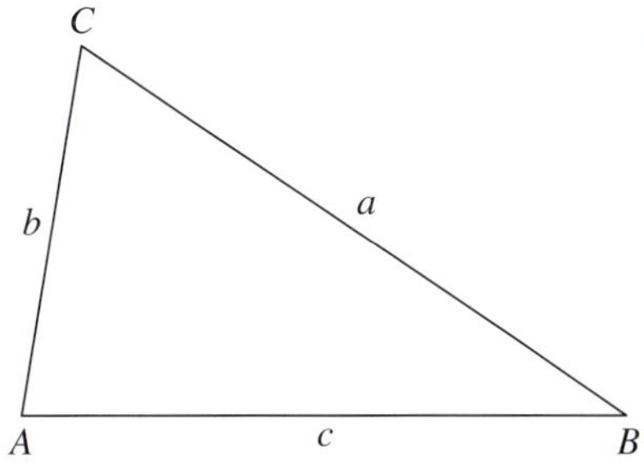

$A =$ ____________

c)
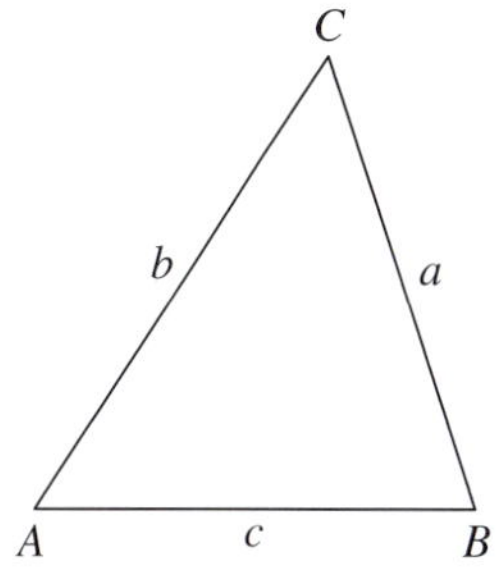

$A =$ ____________

5 Ergänze jeweils die fehlende Größe des Dreiecks.

Starthilfe $A = \frac{c \cdot h_c}{2}$
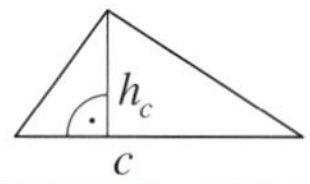

c	6 cm	5 cm	4 cm	10 cm	1 m		10 cm
h_c	1 cm	4 cm	4 cm	5 cm	1 m	8 cm	
A						4 cm²	15 cm²

Anwenden und Vernetzen

6 Gegeben ist jeweils eine Dreieckseite. Ergänze diese zu unterschiedlichen 6 cm² großen Dreiecken.

7 Miss die Seitenlängen und berechne den Umfang des Dreiecks.

Starthilfe $u_{\text{Dreieck}} = a + b + c$
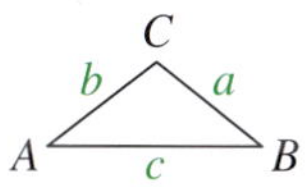

Seitenlängen: $a =$ ________

$b =$ ________

$c =$ ________

Umfang: $u =$ ________________

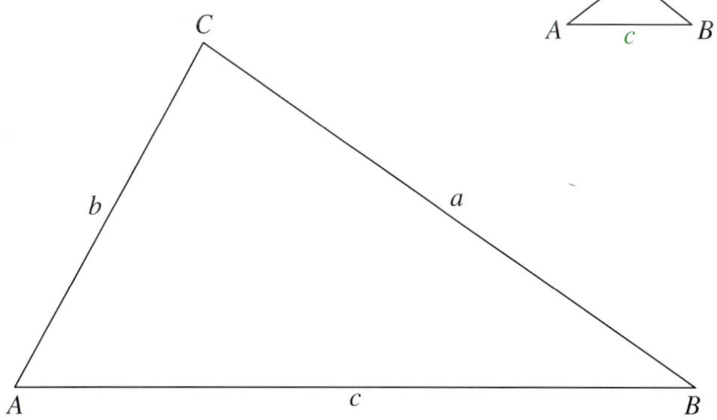

8 Im Garten wird das dreieckige Tulpenbeet angelegt.

a) Pro Quadratmeter sollen 10 Tulpenzwiebeln gesteckt werden.
Wie viele Zwiebeln müssen für das Beet gekauft werden?

____

b) Der Umfang des Beetes beträgt 17 Meter und 20 Zentimeter.
Kreuze die Länge der längsten Seite des Beetes an.

☐ 2,7 m ☐ 5,8 m ☐ 7,2 m ☐ 8,5 m

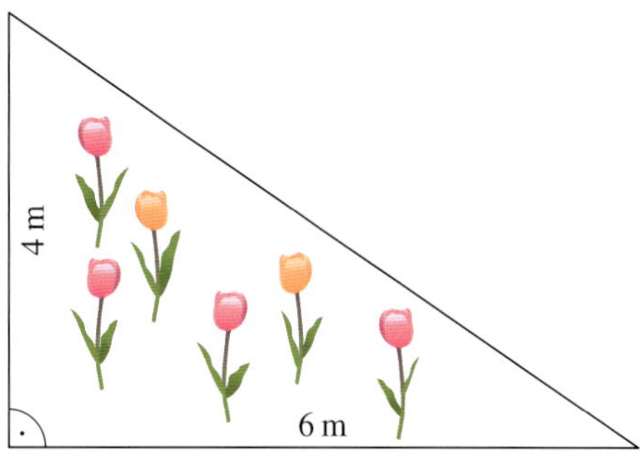

Flächeninhalt vom Parallelogramm

▶ Grundwissen

Jedes Viereck mit zwei Paaren gleich langer gegenüberliegender Seiten ist ein Parallelogramm.

Flächeninhalt: $A_{\text{Parallelogramm}} = a \cdot h_a$

Beispiel: $A = 3\,\text{cm} \cdot 2\,\text{cm} = 6\,\text{cm}^2$

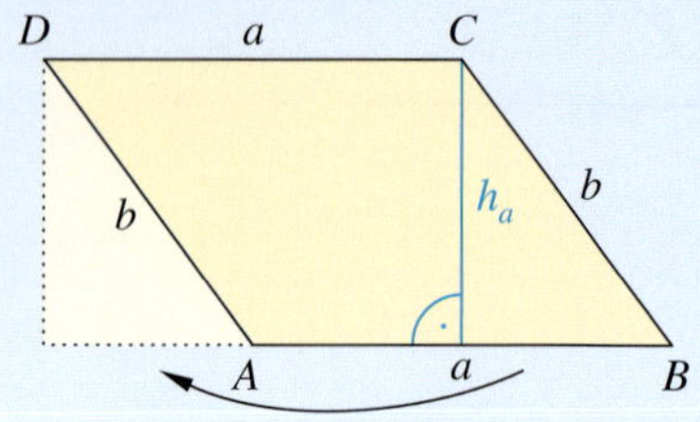

Trainieren

1 Ergänze jeweils zuerst die Längen der Grundseite a und der Höhe h_a des Parallelogramms. Gib danach den Flächeninhalt an.

Starthilfe
1. Schneide ein derartiges Viereck aus.
2. Zerschneide es entlang einer Höhe.
3. Lege mit beiden Teilen ein Rechteck.

a)

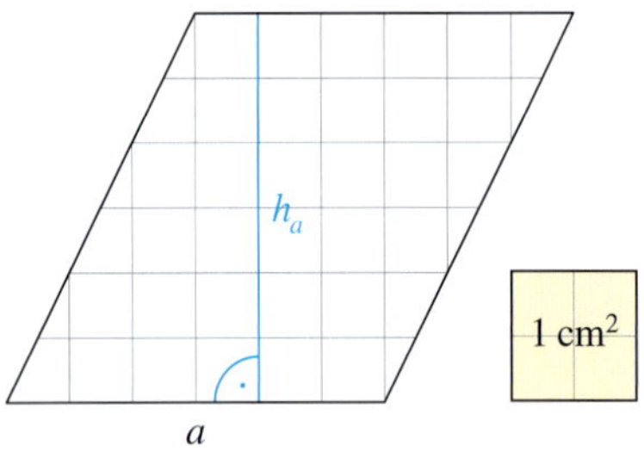

$A =$ ______________

b)

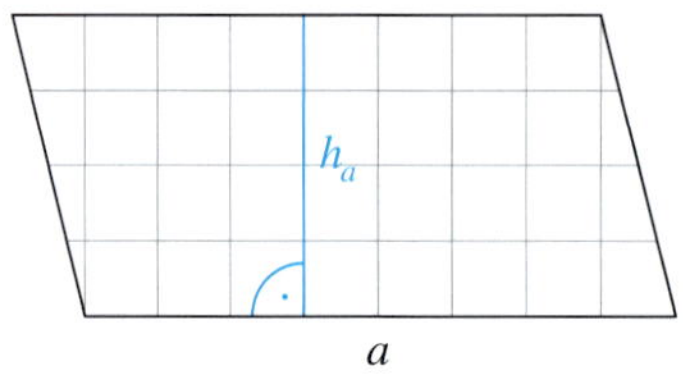

$A =$ ______________

c)

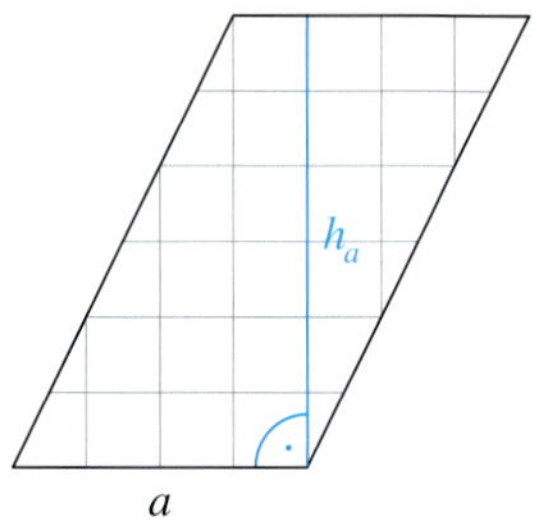

$A =$ ______________

2 Berechne jeweils den Flächeninhalt des Parallelogramms.

Starthilfe $A_{\text{Parallelogramm}} = a \cdot h_a$

a)

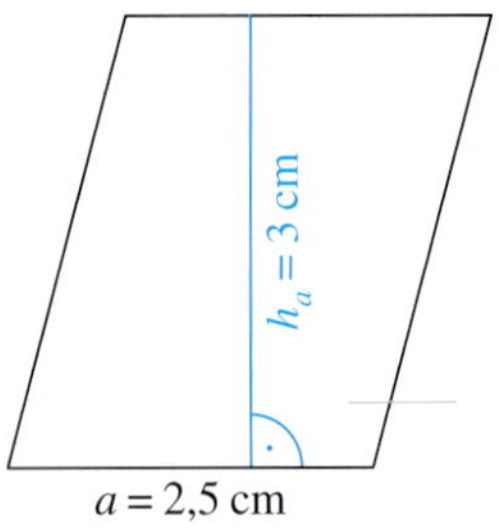

$A =$ ______________

b)

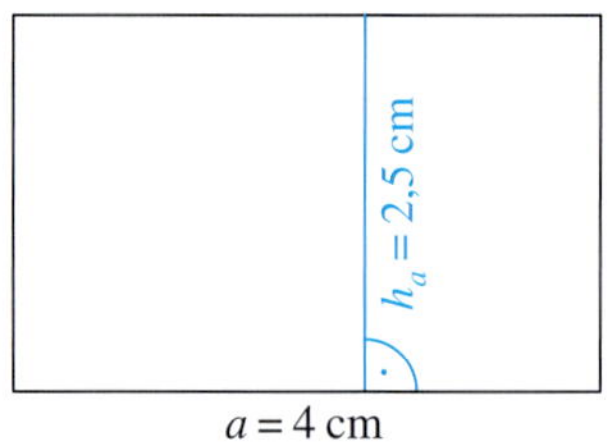

$A =$ ______________

c)

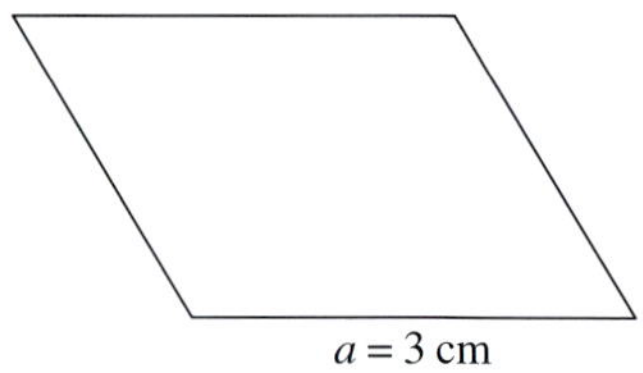

$A =$ ______________

d)

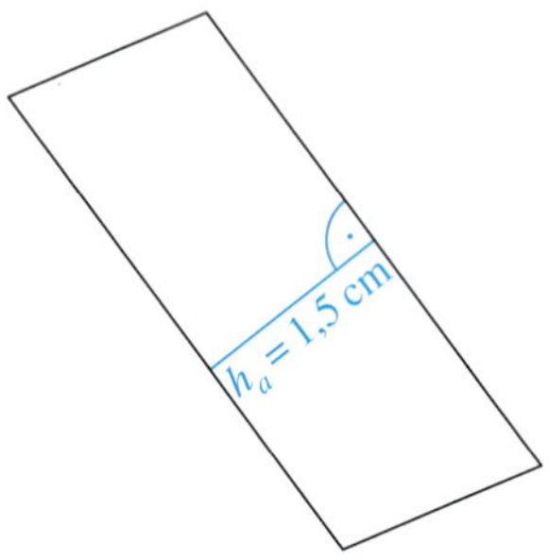

$A =$ ______________

e)

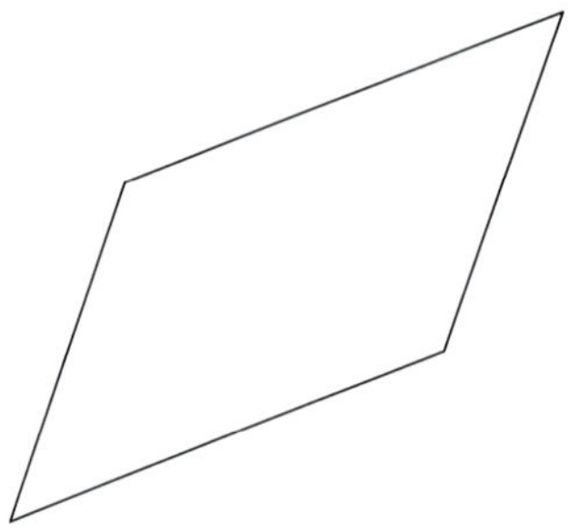

$A =$ ______________

f)

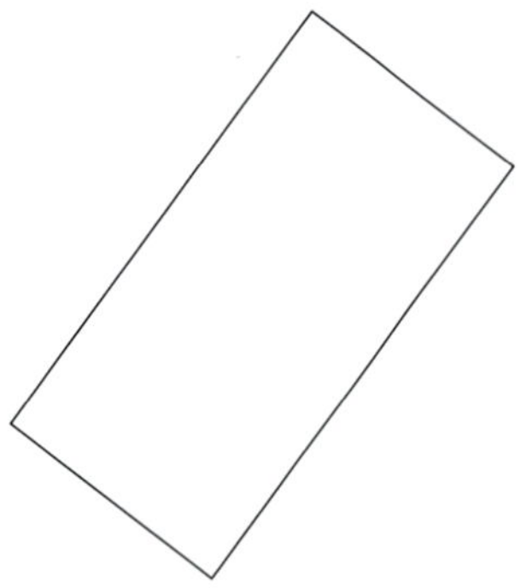

$A =$ ______________

3 Ergänze jeweils die fehlenden Größen des Parallelogramms.

Starthilfe $A_{\text{Parallelogramm}} = b \cdot h_b$

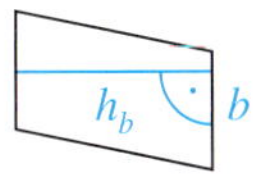

b	5 cm	8 cm	2,2 dm	10 m			4 m	7 dm
h_b	4 cm	3 cm	2 dm	3,6 m	20 cm	10 mm		
A					60 cm²	100 mm²	32 m²	49 dm²

4 Gegeben ist je eine Seite eines 10 cm² großen Parallelogramms. Ergänze die fehlenden Seiten.

Starthilfe $a \cdot h_a = 10\,\text{cm}^2$

zu ① $4\,\text{cm} \cdot 2{,}5\,\text{cm} = 10\,\text{cm}^2$

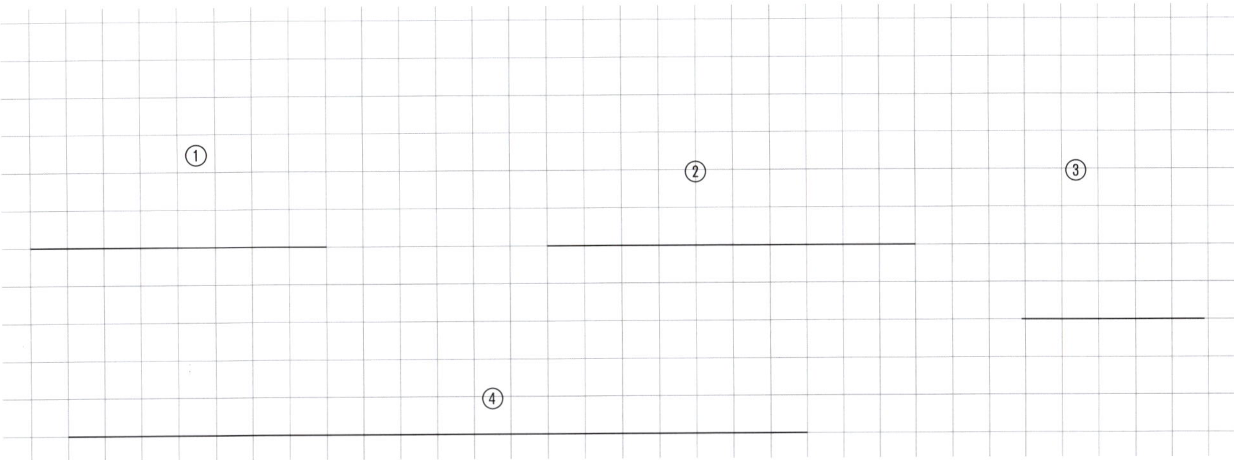

Anwenden und Vernetzen

5 Berechne den Umfang u und den Flächeninhalt A des Parallelogramms. Miss die benötigten Längen.

Starthilfe $u_{\text{Parallelogramm}} = a + b + a + b$

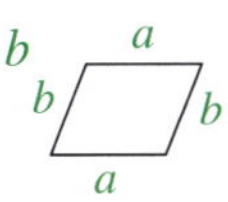

Seitenlängen: $a =$ ______ $b =$ ______

$h_a =$ ______

Umfang: $u =$ ______

Flächeninhalt: $A =$ ______

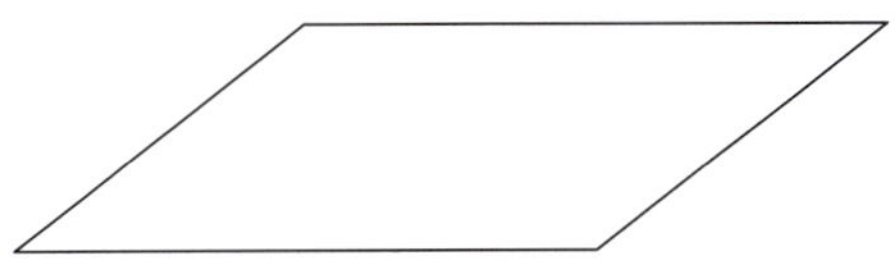

6 Auf der Karte ist maßstabsgetreu ein Spielplatz eingezeichnet.

a) Berechne den Flächeninhalt des Spielplatzes.

______

______

b) Dieser Spielplatz wird neu eingezäunt. Beide Eingänge werden 1,5 m breit sein. Berechne, wie viel Meter Zaun dafür zu kaufen sind.

______

______

______

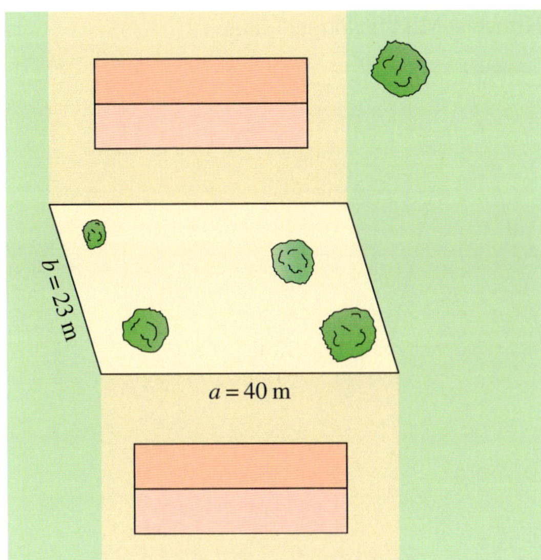

Flächeninhalt vom Drachen

▶ Grundwissen

Jedes Viereck mit zwei Paaren gleich langer benachbarter Seiten ist ein Drachen.

Flächeninhalt: $A_{\text{Drachen}} = \frac{e \cdot f}{2}$

Beispiel: $A = \frac{3\,\text{cm} \cdot 4\,\text{cm}}{2} = 6\,\text{cm}^2$

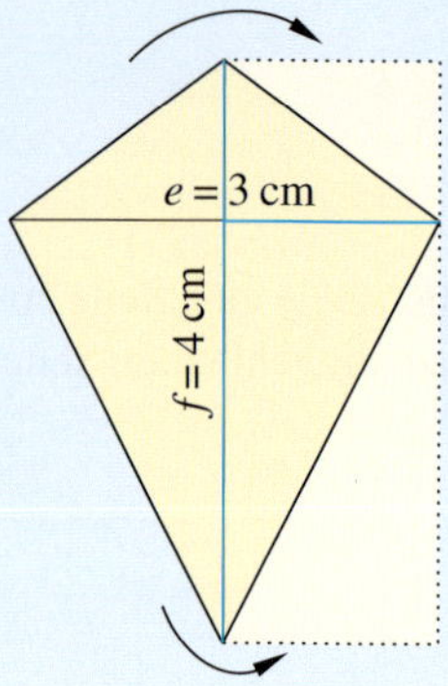

Trainieren

1 Ergänze jeweils zuerst die Längen der Diagonalen e und f. Gib danach den Flächeninhalt an.

Starthilfe
1. Schneide ein derartiges Viereck aus.
2. Zerschneide es entlang e und f.
3. Lege mit allen Teilen ein Rechteck.

a)

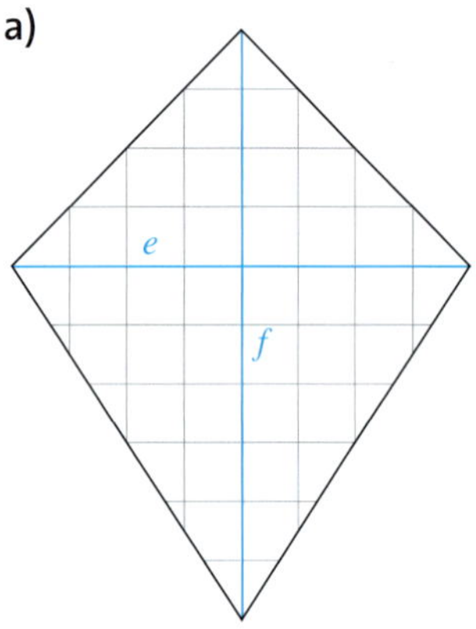

b)

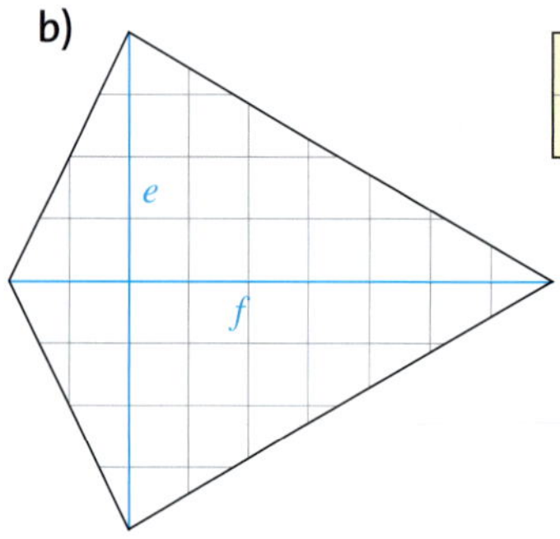

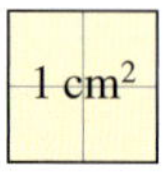

c)

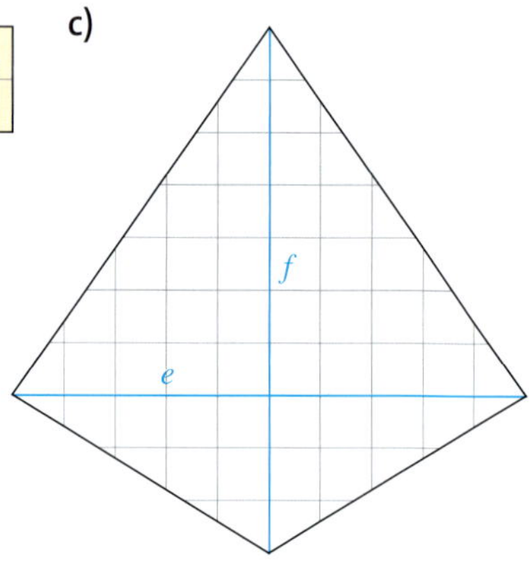

$A =$ __________ $A =$ __________ $A =$ __________

2 Zeichne jeweils zuerst beide Diagonalen ein. Ermittle danach den Flächeninhalt.
Hinweis: Miss benötigte Längen.

Starthilfe Diagonalen sind Geraden, die gegenüberliegende Ecken verbinden.

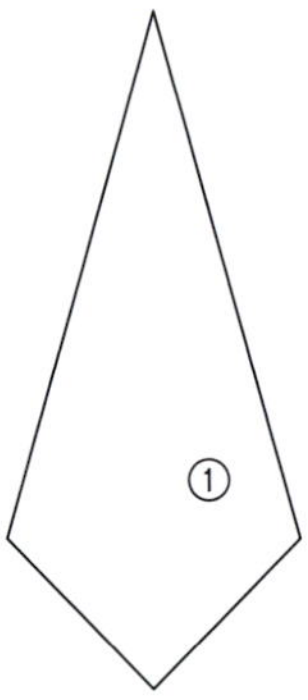

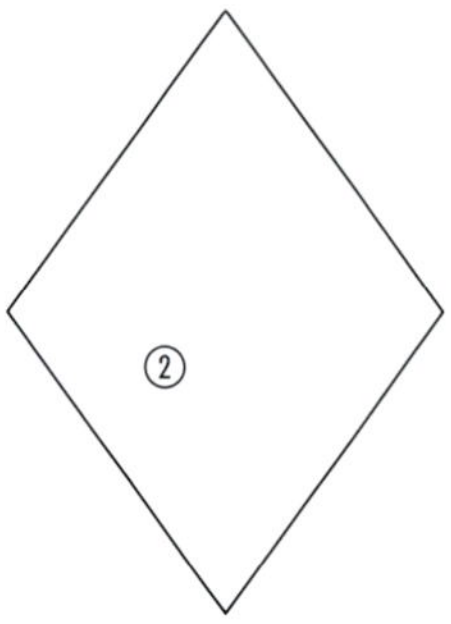

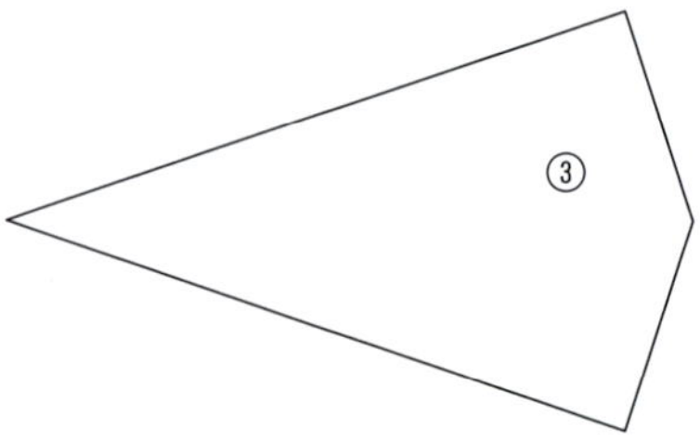

① $A =$ __________ ② $A =$ __________

③ $A =$ __________ ④ $A =$ __________

3 Ergänze jeweils zu einem $6\,cm^2$ großen Drachen.

Starthilfe $\frac{e \cdot f}{2} = 6\,cm^2$

$\frac{3\,cm \cdot 4\,cm}{2} = 6\,cm^2$

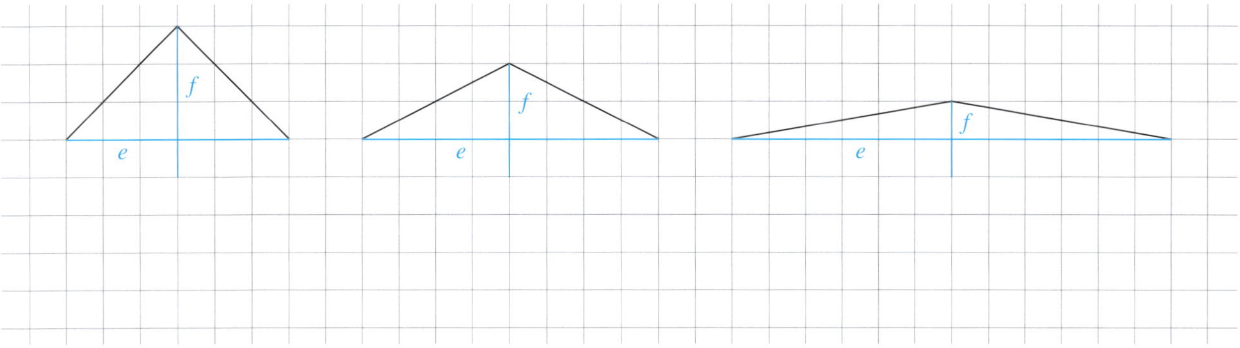

4 Ergänze jeweils die fehlende Größe des Drachens.

Starthilfe $A_{Drachen} = \frac{e \cdot f}{2}$

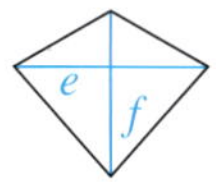

e	2 cm	6 cm	4 cm	20 mm	2,4 dm	30 m	
f	5 cm	3 cm	10 cm	2 mm	10 dm		5 m
A						$30\,m^2$	$15\,m^2$

Anwenden und Vernetzen

5 Miss die benötigten Längen und berechne den Umfang u sowie den Flächeninhalt A des Drachenvierecks.

Starthilfe $u_{Drachen} = a + b + a + b$

Längen: $a =$ ______ $b =$ ______

$e =$ ______ $f =$ ______

Umfang: $u =$ ______________________

Flächeninhalt: $A =$ ______________________

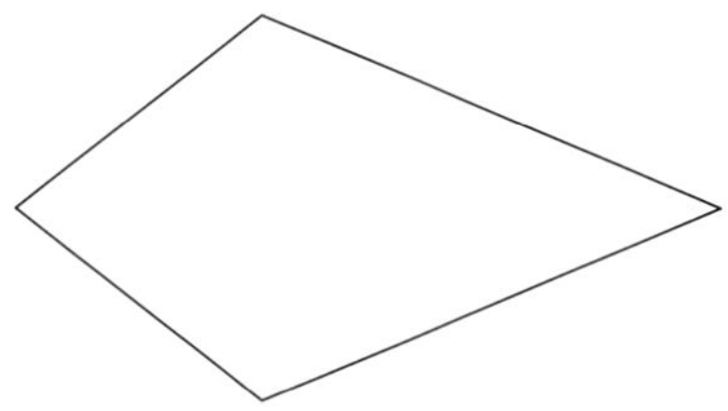

6 Bei Cuxhaven an der Nordsee ist das Fliegen von großen Lenkdrachen an vielen Stränden im Sommer verboten.
Erlaubt sind Kinderdrachen bis zu einer Größe von einem Quadratmeter an nur einer Schnur.

a) Prüfe, ob die Drachen mit den gegebenen Diagonalen erlaubt sind.

Starthilfe $100\,cm = 1\,m$; $10\,000\,cm^2 = 1\,m^2$

Drache Joko: 1 m und 1 m $A =$ ______________________ ☐ erlaubt

Drache Eddy: 40 cm und 60 cm $A =$ ______________________ ☐ erlaubt

Drache Kira: 1,60 m und 1,40 m $A =$ ______________________ ☐ erlaubt

b) Johanna möchte den Drachen Joko rundherum mit 15 cm langen Fransenstücken bekleben. Reichen dafür 20 Fransenstücke aus?

____

____

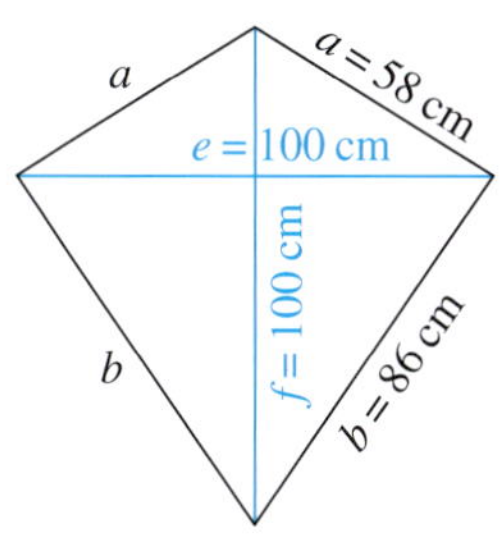

Flächeninhalt vom Trapez

▶ Grundwissen

Jedes Viereck mit einem Paar paralleler Seiten ist ein Trapez.

Flächeninhalt: $A_{\text{Trapez}} = m \cdot h_a$ $\quad m = \frac{a+c}{2}$

Beispiel: $A = 4\,\text{cm} \cdot 3\,\text{cm} = 12\,\text{cm}^2$ $\quad m = \frac{6{,}2\,\text{cm} + 1{,}8\,\text{cm}}{2} = 4\,\text{cm}$

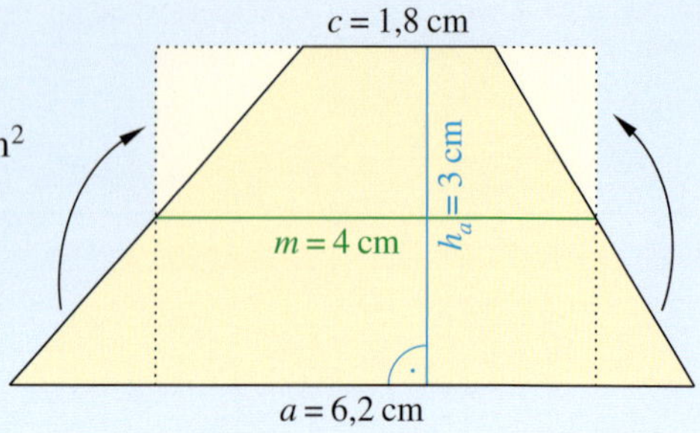

Trainieren

1 Vom Trapez zum flächeninhaltsgleichen Rechteck.

a) Zeichne jeweils die Mittellinie m ein.

b) Färbe Dreiecke wie in der Starthilfe ein.

c) Zeichne das entsprechende gleich große Rechteck darunter.
Gib den Flächeninhalt vom Trapez bzw. vom Rechteck an.

Starthilfe Die Mittellinie m liegt genau in der Mitte zwischen den zueinander parallelen Seiten.

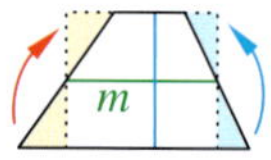

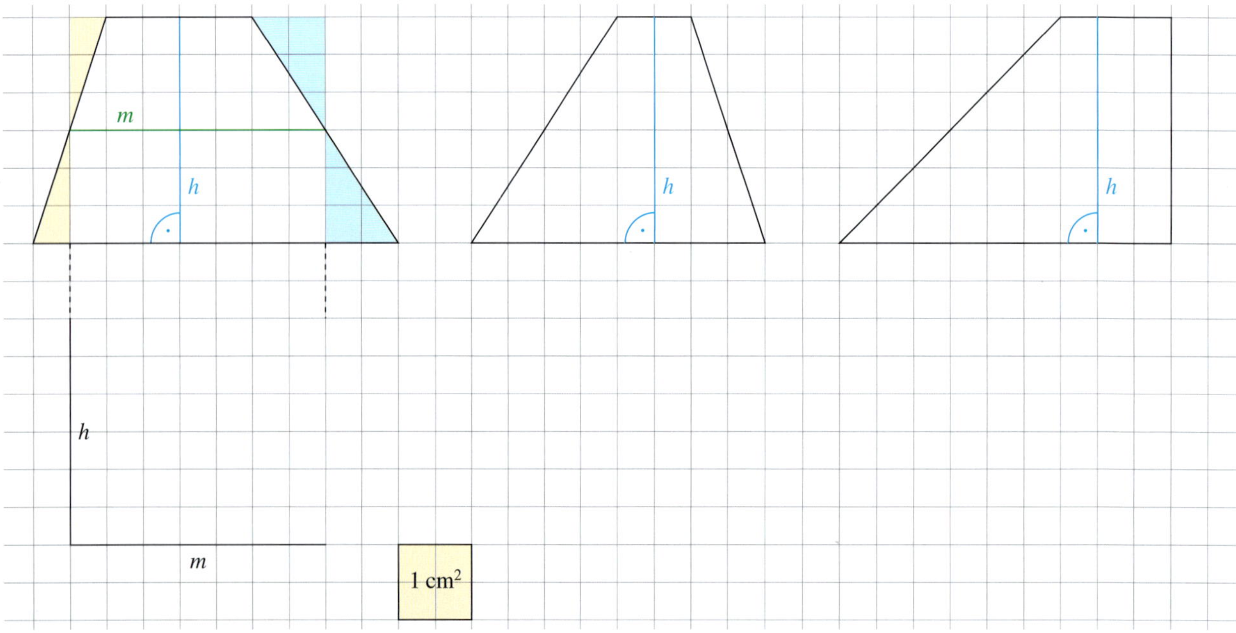

$A =$ ______________ $A =$ ______________ $A =$ ______________

2 Ergänze zuerst zu vier unterschiedlichen 2 cm hohen Trapezen mit der Mittellinie m.
Berechne danach die Flächeninhalte der Trapeze.

Starthilfe $A_{\text{Trapez}} = m \cdot h$

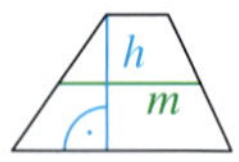

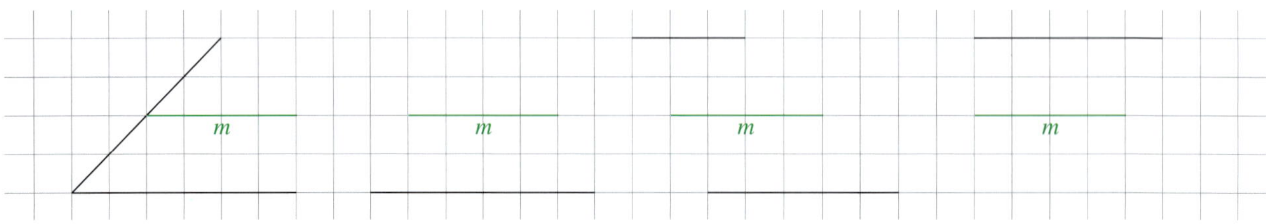

____

3 Berechne jeweils die Länge der Mittellinie m und den Flächeninhalt A.

Starthilfe $m = \frac{a+c}{2}$ $A_{Trapez} = m \cdot h$

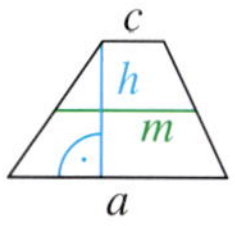

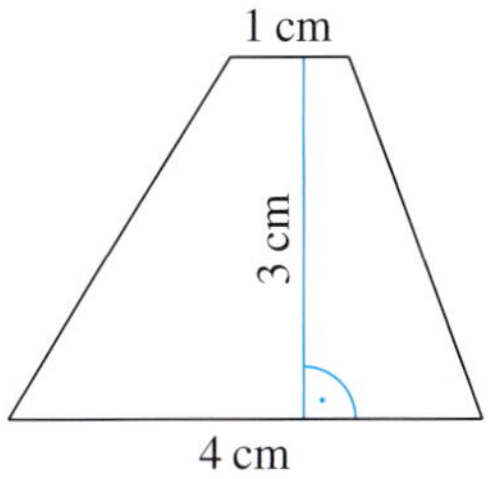

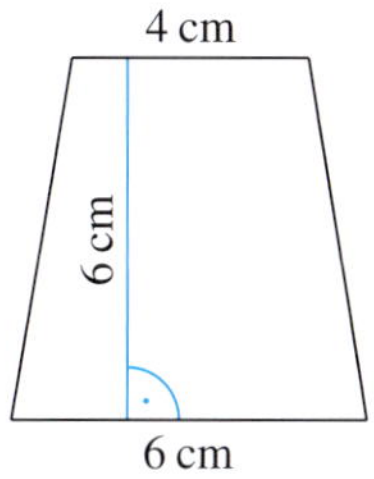

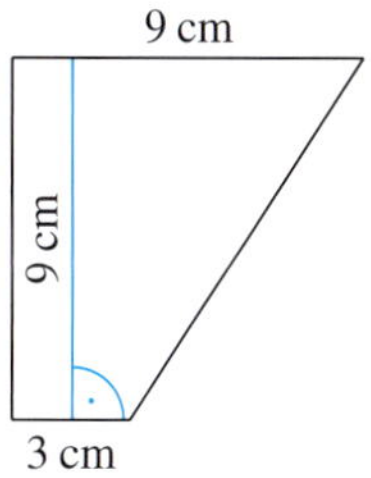

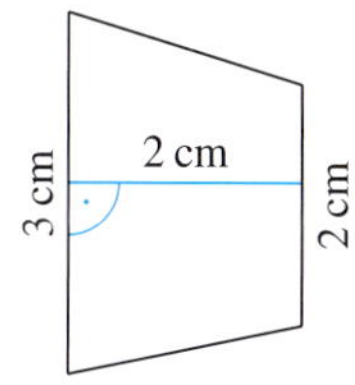

$m =$ ____________ $m =$ ____________ $m =$ ____________ $m =$ ____________

$A =$ ____________ $A =$ ____________ $A =$ ____________ $A =$ ____________

4 Ergänze jeweils die fehlenden Größen des Trapezes mit den zueinander parallelen Seiten a und c.

a	5 cm	3 cm	10 cm	50 m	2 m	15 cm	
c	1 cm	7 cm	4 cm	40 m	3 m		3 mm
m						10 cm	
h	3 cm	4 cm	5 cm	10 m		3,8 cm	10 mm
A					$10\,m^2$		$30\,cm^2$

Anwenden und Vernetzen

5 Berechne den Umfang u sowie den Flächeninhalt A des Trapezes. Miss die benötigten Längen.

Starthilfe $u_{Trapez} = a + b + c + d$

Längen: $a =$ ________ $b =$ ________

$c =$ ________ $d =$ ________

$m =$ ________ $h =$ ________

Umfang: $u =$ ______________________

Flächeninhalt: $A =$ ______________________

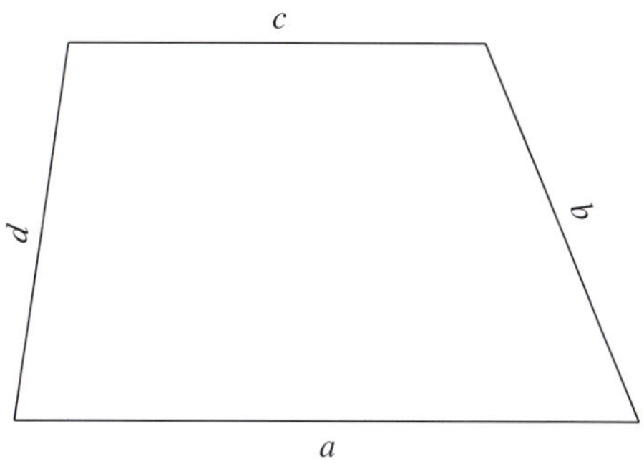

6 Isabells großer Bruder will in eine Wohngemeinschaft ziehen. Bevor er den Mietvertrag unterschreibt, hat er das Zimmer ausgemessen.

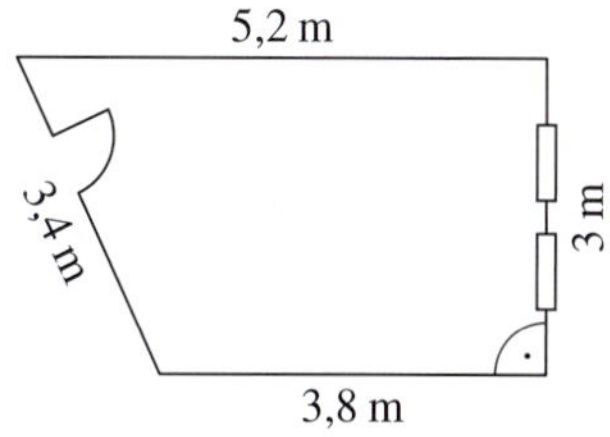

a) Überprüfe den Mietpreis von 260 €. Er setzt sich zusammen aus:
– 10 € pro Quadratmeter seines Zimmers und
– 110 € für die Nutzung von Küche, Bad und Flur sowie für Nebenkosten.

____

____

b) In dem Zimmer müssten neue Fußleisten verlegt werden. Überlege, wie viele 2-m-Stücke gebraucht werden.

____

Flächeninhalt vom Kreis

▶ Grundwissen

Flächeninhalt vom Kreis: $A_{\text{Kreis}} = r^2 \cdot \pi$

Beispiel: $A = (1\,\text{cm})^2 \cdot \pi \approx 3{,}14\,\text{cm}^2$

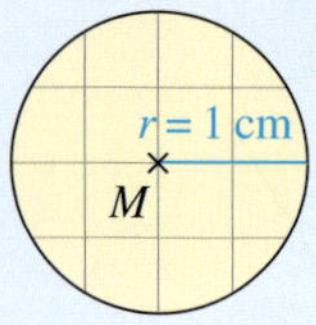

Trainieren

1

Starthilfe $A = r^2 \cdot \pi$

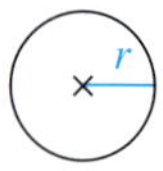

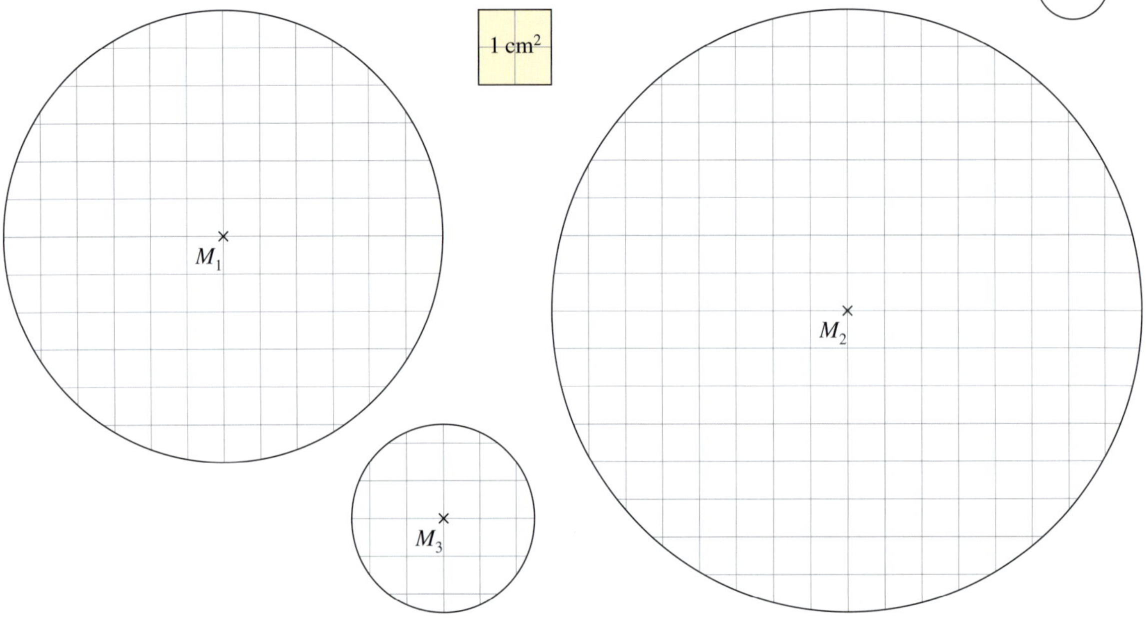

a) Zeichne in jeden Kreis einen Radius r ein und gib in der Zeichnung dessen Länge an.

b) Berechne den entsprechenden Flächeninhalt mit dem Taschenrechner.
Runde auf die zweite Stelle nach dem Komma.
Hinweis: Prüfe mithilfe der Kästchen, ob dein Ergebnis stimmen kann.

Kreis um M_1: ______________ Kreis um M_2: ______________

Kreis um M_3: ______________

c) Miss oder berechne den Durchmesser d jedes Kreises.

Durchmesser des Kreises um M_1: __________ Durchmesser des Kreises um M_2: __________

Durchmesser des Kreises um M_3: __________

2 Ermittle die Durchmesser und die Flächeninhalte.
Runde auf die zweite Stelle nach dem Komma.

Starthilfe $d = 2\,r$
$A = r^2 \cdot \pi$

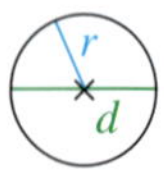

r	7 cm	7,5 cm	2 m	1,2 m	7 mm	13 mm
d						
A	cm^2	cm^2	m^2	m^2	mm^2	mm^2

3 Münzen in Originalgröße

Durchmesser zum Abstreichen:

16,25 mm 19,75 mm
21,25 mm 22,25 mm
23,25 mm 24,25 mm
25,75 mm

	1 Cent	10 Cent	20 Cent	50 Cent	1 Euro	2 Euro
d						
r						
A						

a) Ergänze die Tabelle.

b) Zu welcher Münze gehört der übrig bleibende „Durchmesser zum Abstreichen"? ____________

4 Ergänze jeweils die fehlenden Größen des Kreises.
Runde auf die Einer.

Starthilfe $r = \sqrt{\frac{A}{\pi}}$ $d = 2r$

r	cm	cm	m	m	mm	mm
d	cm	cm	m	m	mm	mm
A	113,1 cm^2	254,47 cm^2	3,14 m^2	314,16 m^2	1017,88 mm^2	1661,90 mm^2

Anwenden und Vernetzen

5 Kreise und Vierecke

Starthilfe Kreisumfang: $u = 2 \cdot r \cdot \pi$

a) Ordne die gegebenen Flächeninhalte und Umfänge den eingefärbten Flächen zu.

8,28 cm | 9,42 cm | 9,42 cm | 12,28 cm | 1,93 cm^2 | 2,86 cm^2 | 5,14 cm^2 | 7,07 cm^2

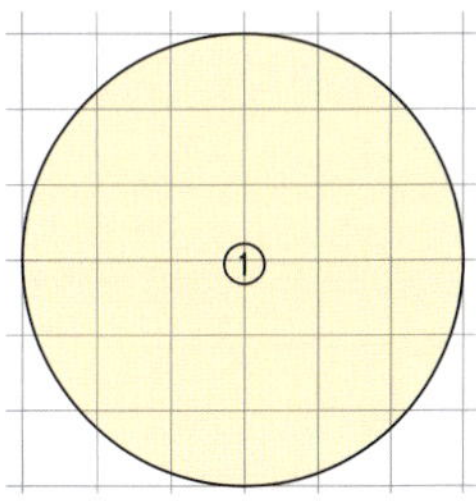

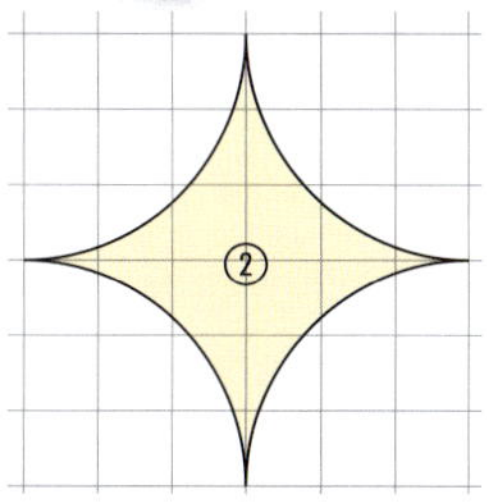

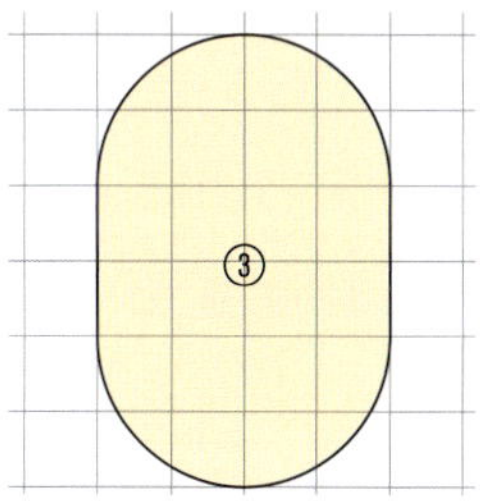

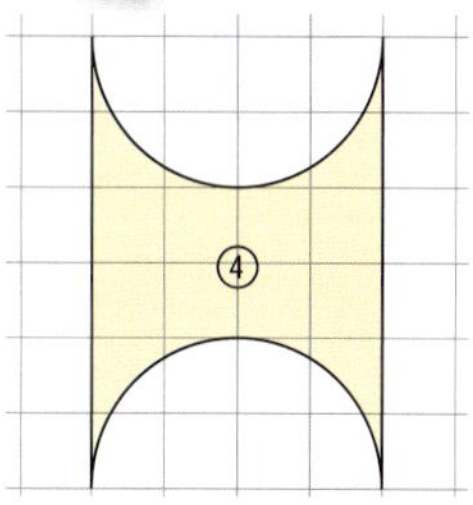

$u =$ ____________ $u =$ ____________ $u =$ ____________ $u =$ ____________

$A =$ ____________ $A =$ ____________ $A =$ ____________ $A =$ ____________

b) Mit einer 16 cm langen Schnur wurden nacheinander ein Quadrat und ein Kreis gelegt.
Welche der beiden Figuren hatte den größeren Flächeninhalt?

Starthilfe
Quadrat: $u = 4 \cdot a$ $A = a^2$
Kreis: $u = 2 \cdot r \cdot \pi$ $A = r^2 \cdot \pi$

____

Flächeninhalt vom Vieleck

▶ Grundwissen

Der Flächeninhalt A eines Vielecks ist die Summe aller Flächeninhalte seiner Teilflächen.

Beispiel: $A = A_1 + A_2 = 6\ \text{cm}^2 + 1{,}5\ \text{cm}^2 = 7{,}5\ \text{cm}^2$

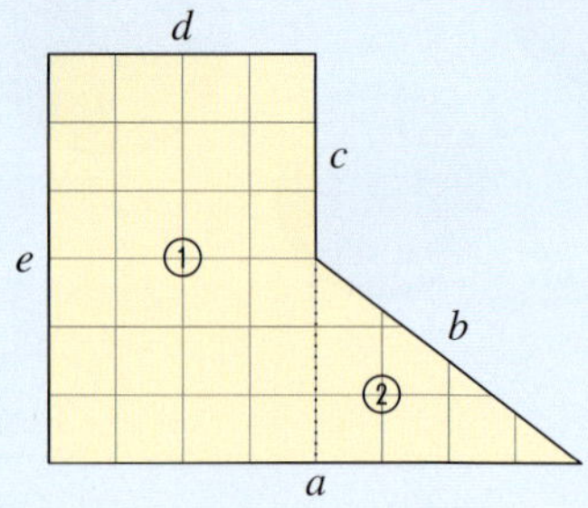

Trainieren

1 Gib jeweils zuerst die Flächeninhalte der Teilflächen an. Berechne danach den Flächeninhalt der Fläche.

Starthilfe Grundwissen vorangegangener Seiten.

a) 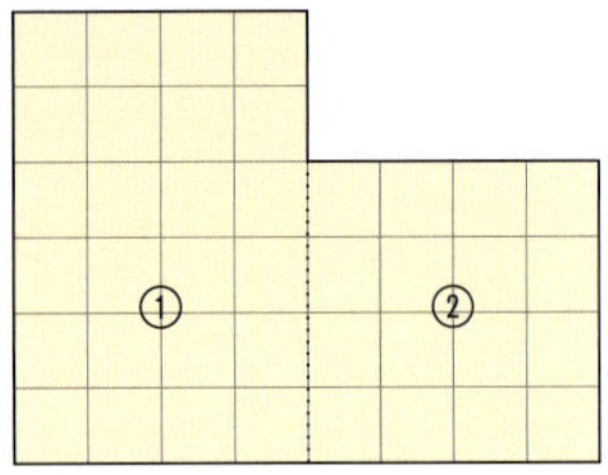

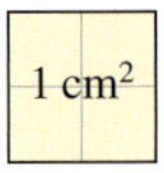

b) 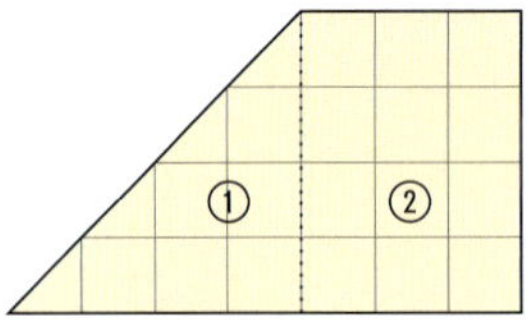

c) 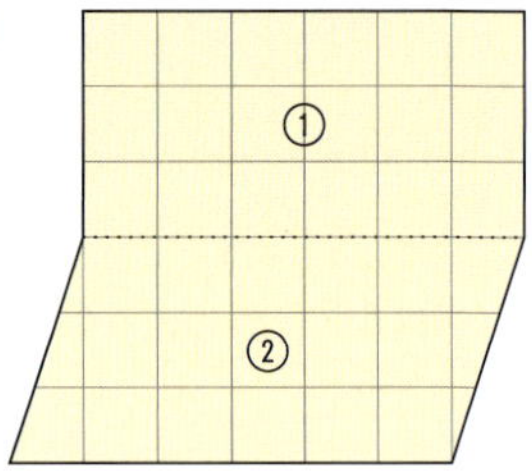

a)
$A_1 = 2\,\text{cm} \cdot 3\,\text{cm} = 6\,\text{cm}^2$
$A_2 =$ ______
$A =$ ______

b)
$A_1 =$ ______
$A_2 =$ ______
$A =$ ______

c)
$A_1 =$ ______
$A_2 =$ ______
$A =$ ______

d) 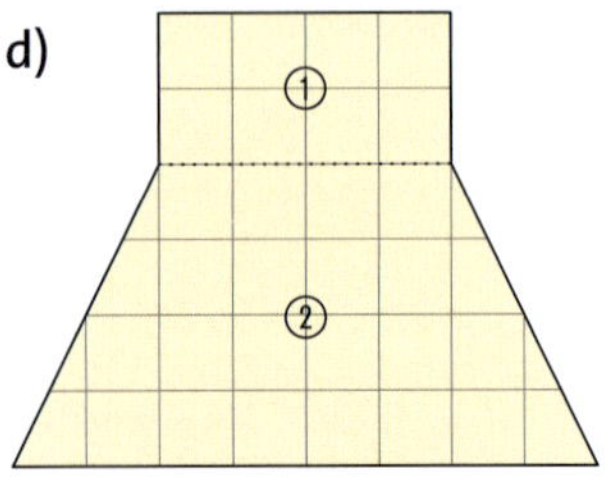

e) 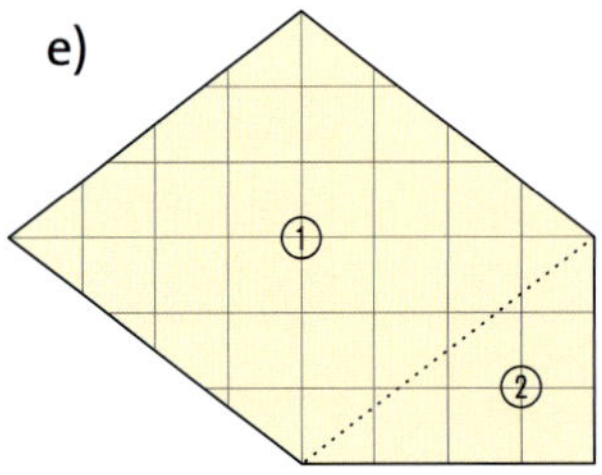

f) 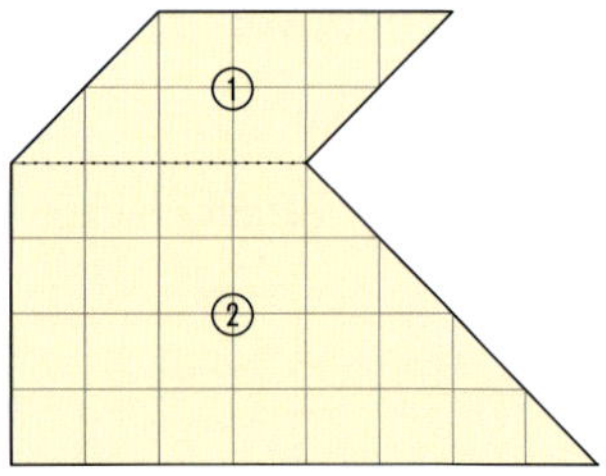

d)
$A_1 =$ ______
$A_2 =$ ______
$A =$ ______

e)
$A_1 =$ ______
$A_2 =$ ______
$A =$ ______

f)
$A_1 =$ ______
$A_2 =$ ______
$A =$ ______

2 Zerlege entlang von Linien die Figur in
ein $1\,\text{cm}^2$ großes Dreieck ①,
ein $3\,\text{cm}^2$ großes Rechteck ②,
ein $5\,\text{cm}^2$ großes Rechteck ③ und
ein $2{,}5\,\text{cm}^2$ großes Trapez ④.

Starthilfe Ein Kästchen ist $0{,}25\,\text{cm}^2$ groß; zwei $0{,}5\,\text{cm}^2$; drei $0{,}75\,\text{cm}^2$; vier $1\,\text{cm}^2$; fünf $1{,}25\,\text{cm}^2$, …

3 Zerlege in Teilflächen
Zusatzaufgabe: Ermittle die Flächeninhalte.

Starthilfe Zeichne bei **a** sechs Linien und bei **b** sieben Linien ein.

a) Zerlege mithilfe gerader Linien in Rechtecke bzw. Dreiecke.

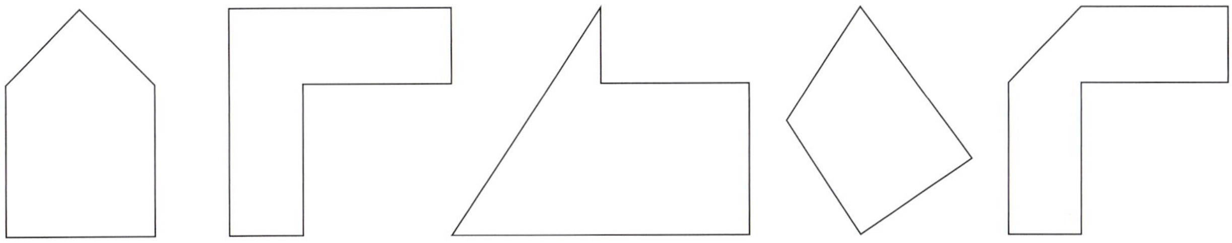

b) Zerlege mithilfe gerader Linien in Rechtecke, Parallelogramme bzw. Trapeze.

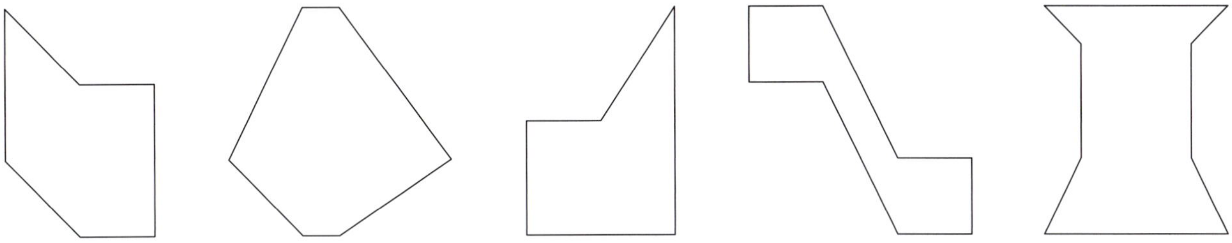

4 Gib zwei unterschiedliche Zerlegungen in Teilflächen an.
Berechne jeweils dementsprechend den Flächeninhalt.

Starthilfe Überlege, welche Flächeninhalte du berechnen kannst.

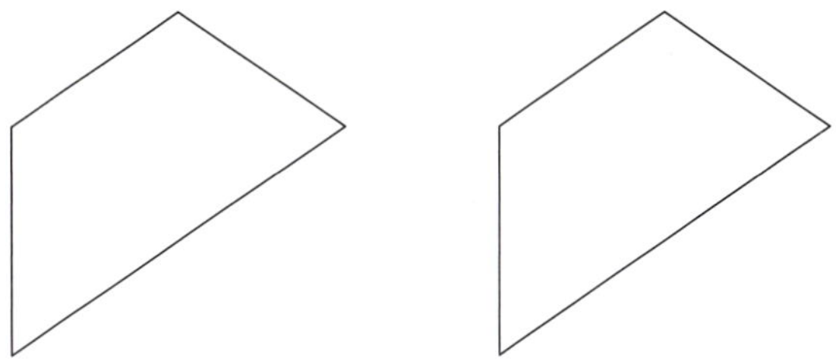

Anwenden und Vernetzen

5 Sechseck

Starthilfe $u = a + b + c + d + \dots$

a) Berechne den Umfang u der Figur.

b) Xavier sagt: „Der Flächeninhalt beträgt $10\,cm^2$."
Begründe dies mithilfe eines Rechtecks.

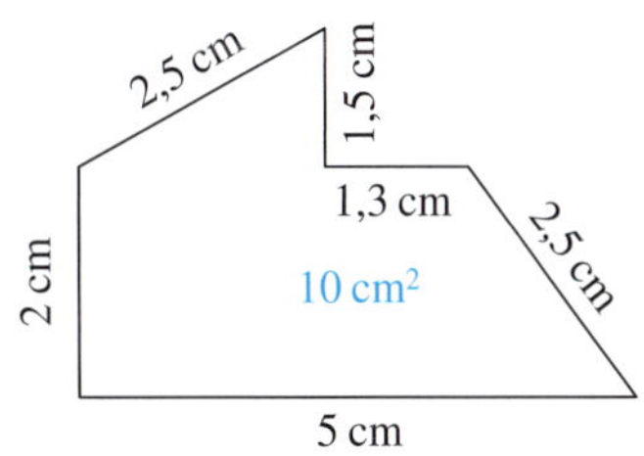

6 Puzzle

a) Welche der Flächen ① bis ④ hat den kleinsten Flächeninhalt?

b) Welche der Flächen ① bis ④ hat den kleinsten Umfang?

c) Fläche ⑤ ist aus den gleichen Teilen zusammensetzbar wie die anderen vier Flächen.
Zeichne entsprechende Linien ein.
Hinweis: Lege die Fläche aus derartigen Teilen.

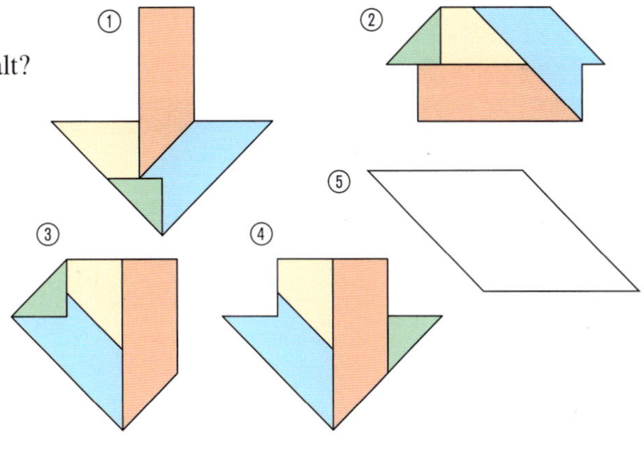

Gleichungen durch Probieren lösen

▶ Grundwissen

Wenn eine Zahl für die Variable in eine Gleichung eingesetzt wird und die Terme auf beiden Seiten den gleichen Wert ergeben, dann ist die Zahl eine Lösung der Gleichung.

Beispiel: $2 \cdot x + 1 = 7$ $\quad x = 3$
Die Zahl 3 ist Lösung der Gleichung, denn $2 \cdot 3 + 1 = 7$.
Die Zahl 4 ist keine Lösung der Gleichung, denn $2 \cdot 4 + 1 \neq 7$.

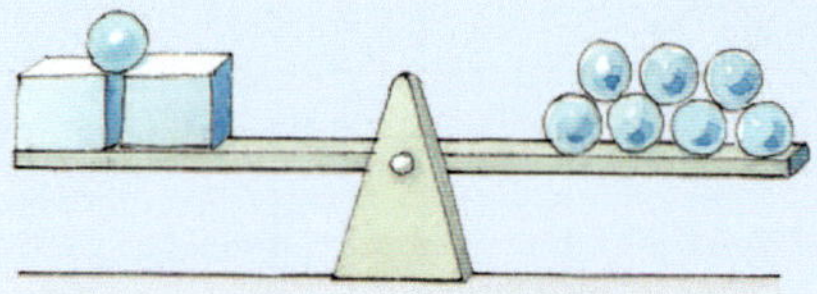

Trainieren

1 Setze „=“ bzw. „≠“ ein.

Starthilfe „≠“ steht für ungleich.

a) $2 \cdot 5 + 1$ □ 11 **b)** $2 \cdot 7 + 1$ □ 11 **c)** $8 : 4 + 1$ □ 7 **d)** $8 : 2 + 1$ □ 7

e) $16 : 2 + 1$ □ 9 **f)** $3 \cdot 5 - 1$ □ 14 **g)** $20 : 5 - 1$ □ 3 **h)** $2 \cdot 7 + 5$ □ 7

2 Setze jeweils zuerst nacheinander 3; 4; 5; 6 und „=“ bzw. „≠“ ein.
Gib danach die Lösung an.

Starthilfe $\underline{3} + 3 \neq 9$; $\underline{4} + 3 \neq 9$

a) $\underline{3} + 3$ ≠ 9 $\quad \underline{4} + 3$ □ 9 $\quad \_\_ + 3$ □ 9 $\quad \_\_ + 3$ □ 9

Die Zahl ___ ist Lösung der Gleichung $x + 3 = 9$.

b) $2 \cdot \underline{3} + 1$ □ 13 $\quad 2 \cdot \_\_ + 1$ □ 13 $\quad 2 \cdot \_\_ + 1$ □ 13 $\quad 2 \cdot \_\_ + 1$ □ 13

Die Zahl ___ ist Lösung der Gleichung $2 \cdot x + 1 = 13$.

c) $5 \cdot \_\_ + 3$ □ 23 $\quad 5 \cdot \_\_ + 3$ □ 23 $\quad 5 \cdot \_\_ + 3$ □ 23 $\quad 5 \cdot \_\_ + 3$ □ 23

Die Zahl ___ ist Lösung der Gleichung $5 \cdot x + 3 = 23$.

3 Ergänze jeweils zuerst die Tabellen. Gib danach die Lösung an.

Starthilfe $5 \cdot 1 = 5 \quad 5 \cdot 3 = 15$

a) Gleichung $5 \cdot x = 35$

x	1	3	5	7
$5 \cdot x$	5			

Die Zahl ___ ist Lösung der Gleichung.

b) Gleichung $4 \cdot x = 24$

x	2	4	6	8
$4 \cdot x$				

Die Zahl ___ ist Lösung der Gleichung.

c) Gleichung $3 \cdot x + 1 = 7$

x	0	1	2	3
$3 \cdot x + 1$				

Die Zahl ___ ist Lösung der Gleichung.

d) Gleichung $2 \cdot x - 2 = 14$

x	0	8	9	10
$2 \cdot x - 2$				

Die Zahl ___ ist Lösung der Gleichung.

e) Gleichung $4 \cdot y + 10 = 50$

y	0	1	5	10
$4 \cdot y + 10$				

Die Zahl ___ ist Lösung der Gleichung.

f) Gleichung $7 \cdot a - 5 = 16$

a	0	3	5	9
$7 \cdot a - 5$				

Die Zahl ___ ist Lösung der Gleichung.

4 Ergänze.

a) $a + 3 = 15$ Die Zahl ___ ist Lösung der Gleichung, denn ___ $+ 3 = 15$.

b) $6 + b = 13$ Die Zahl ___ ist Lösung der Gleichung, denn ___________

c) $20 - c = 11$ Die Zahl ___ ist Lösung der Gleichung, denn ___________

d) $9 \cdot d = 72$ Die Zahl ___ ist Lösung der Gleichung, denn ___________

e) $16 : e = 4$ Die Zahl ___ ist Lösung der Gleichung, denn ___________

f) $f \cdot 11 = 66$ Die Zahl ___ ist Lösung der Gleichung, denn ___________

g) $g : 2 = 7$ Die Zahl ___ ist Lösung der Gleichung, denn ___________

Lösungen zum Abstreichen:
4
6
7
8
9
12
14

5 Setze die Lösungen ein.

a) $12 +$ ___ $= 24$
b) ___ $+ 15 = 20$
c) $9 +$ ___ $= 17$
d) $15 -$ ___ $= 11$
e) ___ $- 10 = 16$
f) ___ $- 2 = 48$
g) $2 \cdot$ ___ $= 22$
h) $4 \cdot$ ___ $= 80$
i) ___ $\cdot 10 = 50$
j) $20 :$ ___ $= 4$
k) ___ $: 4 = 25$
l) ___ $: 9 = 9$
m) $3 \cdot$ ___ $+ 2 = 17$
n) ___ $\cdot 5 - 1 = 19$
o) $10 \cdot$ ___ $+ 10 = 100$
p) $10 :$ ___ $+ 1 = 6$
q) $15 :$ ___ $- 5 = 0$
r) ___ $: 5 + 10 = 60$

Anwenden und Vernetzen

6 Ordne jedem Text eine passende Gleichung und deren Lösung zu.

Addiert man 3 zu der gesuchten Zahl, so ist das Ergebnis 150.	$x : 2 = 150$	152
Subtrahiert man 2 von der gesuchten Zahl, so ist das Ergebnis 150.	$x - 2 = 150$	147
Verdreifacht man die gesuchte Zahl, so ist das Ergebnis 150.	$x + 3 = 150$	300
Halbiert man die gesuchte Zahl, so ist das Ergebnis 150.		

7 Mit einem 50 m langen Band wurde eine 15 m breite rechteckige Fläche abgegrenzt. Berechne die Länge der Fläche.

a) Kreuze die dazu passenden Gleichungen an.

☐ $4 \cdot x = 50\,\text{m}$

☐ $2 \cdot x + 2 \cdot 15\,\text{m} = 50\,\text{m}$

☐ $x + 15\,\text{m} + x + 15\,\text{m} = 50\,\text{m}$

☐ $2 \cdot x + 15\,\text{m} = 50\,\text{m}$

b) Gib die Länge der Fläche an. ______

Gleichungen durch Umformen lösen

▶ Grundwissen

Gleichungen werden durch Umformen gelöst.
Man darf dazu auf beiden Seiten
- den gleichen Term subtrahieren,
- den gleichen Term addieren,
- durch den gleichen Term (≠ 0) dividieren,
- mit dem gleichen Term (≠ 0) multiplizieren.

Beispiel:

$-4+4x=2+x \quad |-x$
$-4+3x=2 \quad |+4$
$3x=6 \quad |:3$
$x=2$

Trainieren

1 Wie viele ○ sind so schwer wie ein ☒?
Ergänze die Gleichungen bzw. die Zeichnungen.

Starthilfe
1. Alle ☒ auf eine Seite.
2. Alle ○ auf die andere Seite.

a)
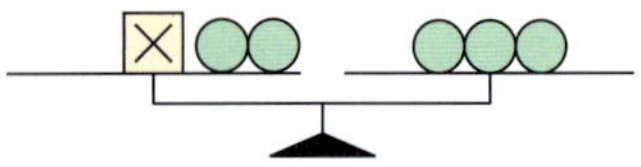
$x+2=$ ___ $|-2$
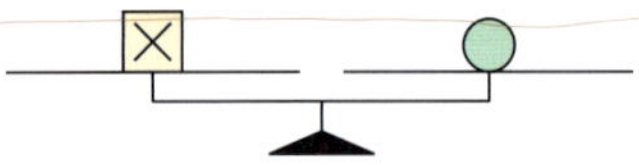
$x=$ ___

b)
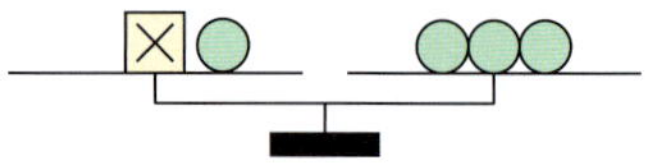
___ | ___

$x=$ ___

c)

$x+3=7$ | ___

___

d)
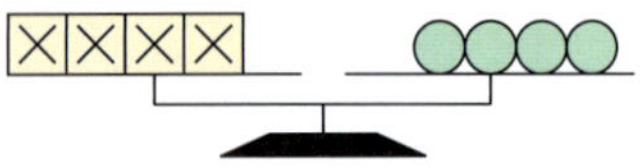
___ | ___
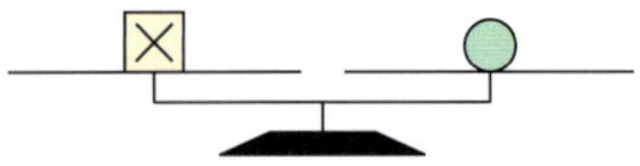
___

e)
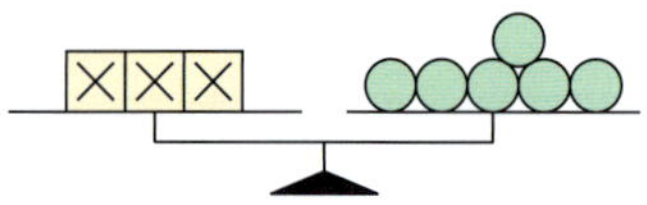
___ | ___
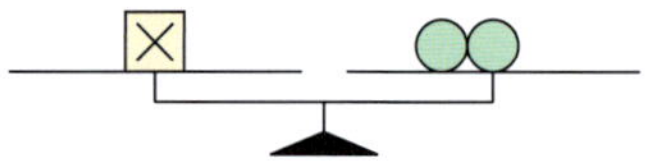
___

f)

$2x=8$ | ___

___

g)
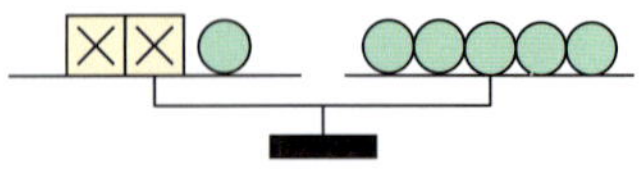
___ | ___
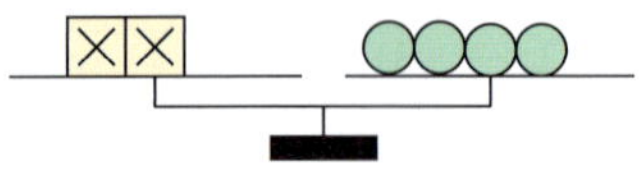
___ | ___

___

h)
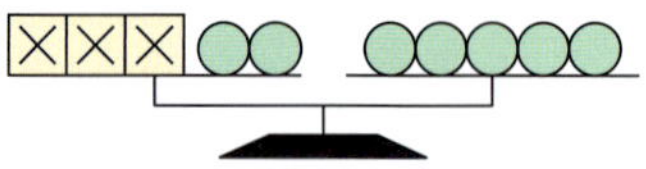
___ | ___
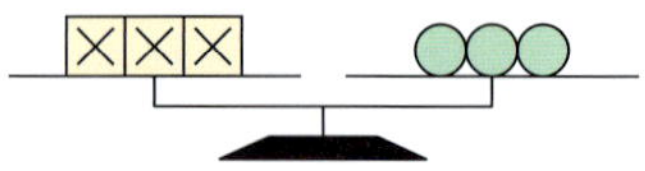
___ | ___
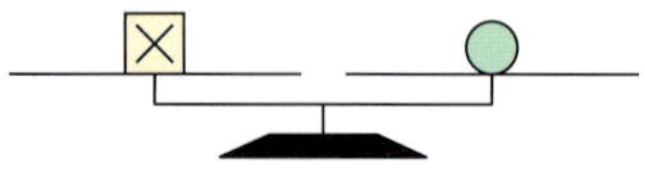
___

i)
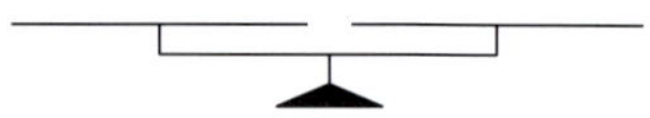
$3x+1=x+3$ | ___

___ | ___
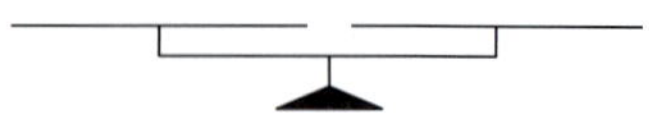
___

2 Gib jeweils die ausgeführten Umformungen bzw. fehlenden Lösungsschritte an.

Starthilfe Umkehroperationen: „+“ und „−“; „·“ und „:“

a) $x+6=8$ | ___
$x=2$

b) $x-2=2$ | ___
$x=4$

c) $x-5=0$ | ___
$x=$ ___

d) $5x=5$ | ___
$x=1$

e) $\frac{1}{2}x=4$ | ___
$x=8$

f) $\frac{1}{2}x=5$ | ___
$x=$ ___

g) $2x+6=10$ | ___
$2x=4$ | ___
$x=2$

h) $6x-6=0$ | ___
$6x=6$ | ___
___

i) $2x-8=10$ | $+8$
___ | ___
___

j) $3x+2=x+4$ | ___
$3x=x+2$ | $-x$
___ | ___
$x=1$

k) $6x-5=2x+15$ | ___
$6x=2x+20$ | $-2x$
___ | ___
___

l) $2x-1=-x+5$ | ___
$2x=-x+6$ | $+x$
___ | ___
___

3 Löse die Gleichungen.

Starthilfe 1. Alle x auf die Seite mit den bisher meisten x.
2. Alles ohne x auf die andere Seite.

$11x = 45 + 2x$ |$-2x$

$2x - 7 = 1$ |$+7$

$7x + 4 = 2x + 14$ |$-2x$

Anwenden und Vernetzen

4 Kenny und Yvonne gehen mit ihrem Vater zum Fest. Beide bekommen von ihrem Vater gleich viel Geld. Kenny gibt alles für 5 Achterbahnfahrten aus. Jenny fährt 3-mal mit der Achterbahn und hat noch 8 Euro übrig.

a) Kreuze die passende Gleichung zur Berechnung der Kosten einer Achterbahnfahrt an.

☐ $3a=5a+8$ ☐ $3a+5a=8$

☐ $5a=8-3a$ ☐ $5a=3a+8$

b) Berechne, wie viel eine Achterbahnfahrt kostet.

___

c) Berechne, wie viel Geld jeder vom Vater bekommen hat.

___

Prozentangaben

▶ Grundwissen

Brüche mit dem Nenner 100 können leicht als Dezimalzahl und in Prozentschreibweise angegeben werden.

Es gilt: $\frac{1}{100} = 0{,}01 = 1\,\%$

Beispiele:

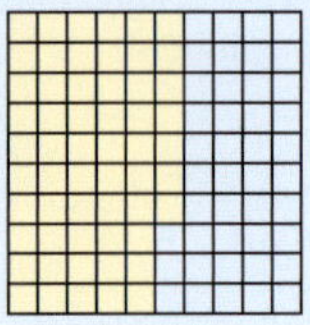

$\frac{57}{100} = 57\,\%$

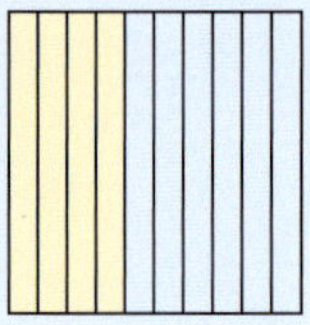

$\frac{4}{10} = \frac{40}{100} = 40\,\%$

$0{,}27 = \frac{27}{100} = 27\,\%$

Trainieren

1 Hundertstel und Prozente

Starthilfe 10 von 100 Kästchen sind grün. Es sind $\frac{10}{100} = 10\,\%$.

a) Vervollständige die Tabelle.

	Kästchen	Hundertstel	Prozent
grün	10	$\frac{10}{100}$	10 %
blau			
gelb			
rot			

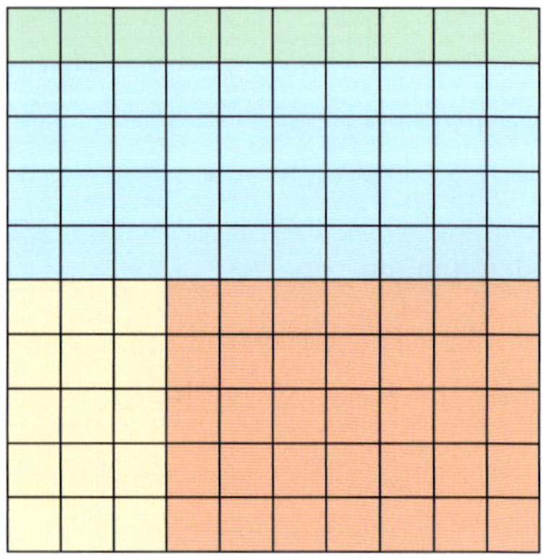

b) Vervollständige die Tabelle und die Zeichnung.

	Kästchen	Fünfzigstel	Hundertstel	Prozent
grün		$\frac{5}{50}$	$\frac{10}{100}$	
blau	15			
gelb			$\frac{20}{100}$	
rot				40 %

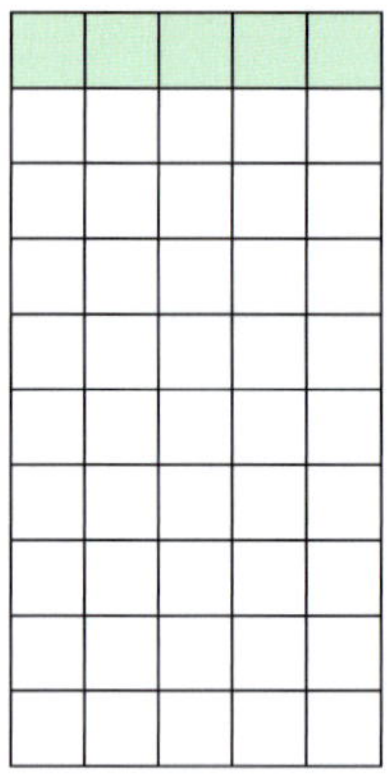

2 Ergänze.

Starthilfe $\frac{1}{50} = \frac{2}{100} = 0{,}02 = 2\,\%$

Bruch	$\frac{1}{50}$	$\frac{1}{100}$	$\frac{1}{10}$				
Hundertstel	$\frac{2}{100}$				$\frac{25}{100}$		$\frac{100}{100}$
Dezimalzahl	0,02					0,75	
Prozentschreibweise	2 %			50 %			

3 Vergleiche.

Starthilfe

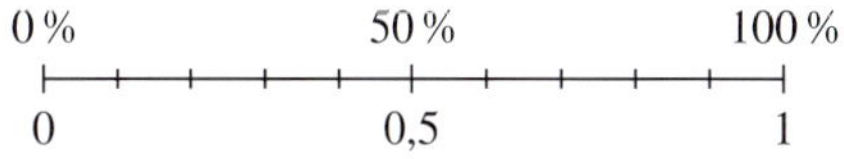

a) 1 % [<] 1 b) 50 % ☐ 0,1 c) 100 % ☐ 1 d) 10 % ☐ 0,01

e) 0,9 ☐ 90 % f) 0,5 ☐ 2 % g) 0,08 ☐ 80 % h) 0,4 ☐ 40 %

i) $\frac{1}{4}$ ☐ 60 % j) $\frac{3}{4}$ ☐ 25 % k) $\frac{1}{10}$ ☐ 10 % l) $\frac{1}{100}$ ☐ 100 %

m) 50 % ☐ $\frac{1}{2}$ n) 10 % ☐ $\frac{100}{100}$ o) 30 % ☐ $\frac{3}{10}$ p) 5 % ☐ 0,4

4 Gib jeweils den eingefärbten Anteil in Prozent an.

Starthilfe Erweitere auf Hundertstel. $\frac{1}{2} = \frac{50}{100} = 50\,\%$

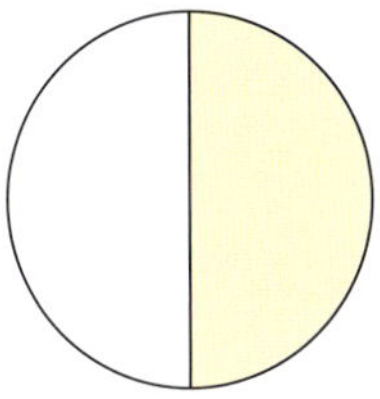
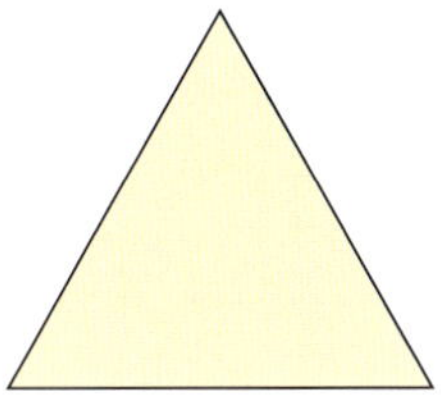
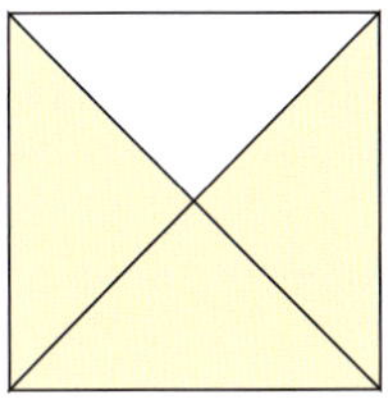
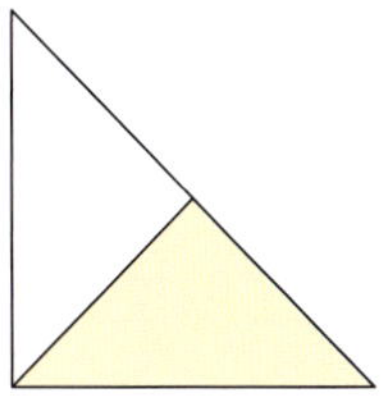
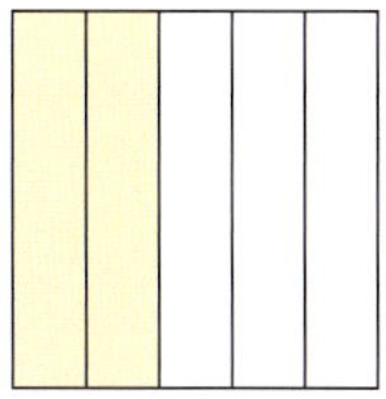

______ ______ ______ ______ ______

5 Färbe jeweils den entsprechenden Anteil ein.

Starthilfe Kürze die Hundertstel. $25\,\% = \frac{25}{100} = \frac{1}{4}$

25 %

100 %

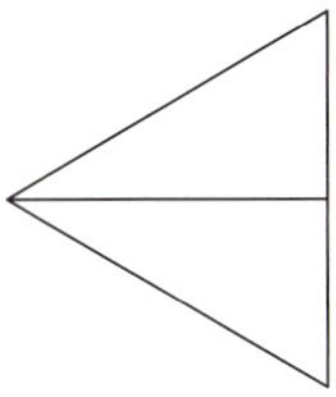
50 %

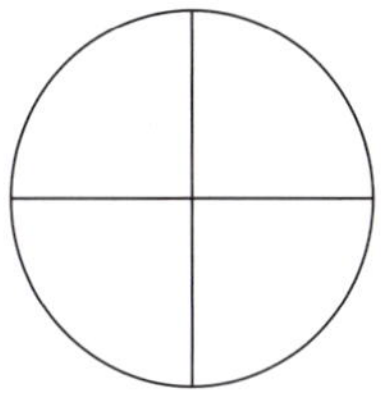
75 %

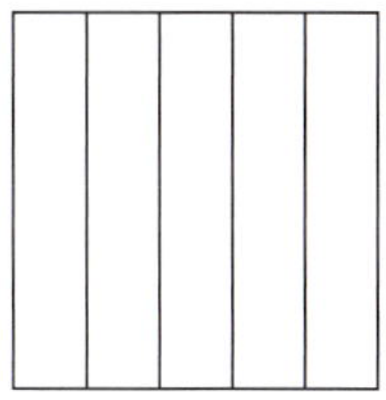
20 %

Anwenden und Vernetzen

6 Bei einem Quizspiel sind in der ersten Runde jeweils 50 Fragen zu beantworten. Wer mindestens 75 % richtige Antworten gegeben hat, kommt in die zweite Runde.

a) Ermittle mithilfe der Tabelle, wer in die zweite Runde kommt.

______

b) Einen Trostpreis erhalten diejenigen, die weniger als 75 %, jedoch mindestens 60 % richtige Antworten haben. Wer bekommt einen Trostpreis?

______

Name	richtige Antworten	Anteil richtiger Antworten	
		als Bruch	in Prozent
Jamila	26	$\frac{26}{50}$	52 %
Erkan	46		
Ayla	32		
Kira	40		
Ennis	28		
Moritz	32		

c) In der zweiten Runde werden jeweils 25 Fragen gestellt. Wer mindestens 90 % davon richtig beantwortet, kommt weiter. Reichen 22 richtige Antworten dafür aus?

______

______

d) Ermittle den Anteil aller richtigen Antworten der sechs Quizteilnehmer.

______

Begriffe der Prozentrechnung

▶ Grundwissen

In der Prozentrechnung unterscheidet man zwischen
Prozentsatz $p\%$, (Anteil eines Ganzen), Prozentwert W (Größe eines Anteils) und Grundwert G. (Größe eines Ganzen)

Beispiele:

Wie viel Prozent sind 7 Schüler von 20 Schülern?

	Schüler	Anteil ($p\%$)	
: 20	20	100 %	: 20
· 7	1	5 %	· 7
	7	35 %	

Ermittle 16 % von 50 Schülern.

	Anteil ($p\%$)	Schüler	
: 100	100 %	50	: 100
· 16	1 %	0,5	· 16
	16 %	8	

50 Schüler sind bereits angemeldet. Das sind 20 %. Gib die Gesamtzahl an.

	Anteil ($p\%$)	Schüler	
: 20	20 %	50	: 20
· 100	1 %	2,5	· 100
	100 %	250	

Trainieren

1 Berechne je zweimal den Prozentsatz, den Prozentwert und den Grundwert mithilfe des Dreisatzes.

Starthilfe
1. Aufschreiben der gegebenen Größen.
2. Schluss auf Eins.
3. Schluss auf das Gesuchte.

a) Wie viel Prozent sind 4 von 20 Autos?

	Autos	Anteil ($p\%$)	
: 20	20	100 %	: 20
· ___			· ___
	4		

4 von 20 Autos sind ______________

b) Wie viel Prozent sind 3 von 5 Aufgaben?

	Aufgaben	Anteil ($p\%$)	
___			___
___			___

3 von 5 Aufgaben sind ______________

c) Wie viel sind 15 % von 400 Spielern?

	Anteil ($p\%$)	Spieler	
___	100 %	400	___
___			___
	15 %		

15 % von 400 Spielern sind ______________

d) Wie viel sind 6 % von 200 Flaschen?

	Anteil ($p\%$)	Flaschen	
___	100 %		___
___			___
	6 %		

6 % von 200 Flaschen sind ______________

e) 5 % sind 25 Punkte. Wie viel sind 100 %?

	Anteil ($p\%$)	Punkte	
___	5 %	25	___
___			___
	100 %		

100 % sind ______________

f) 9 % sind 180 Einwohner. Wie viel sind 100 %?

	Anteil ($p\%$)	Einwohner	
___			___
___			___

100 % sind ______________

2 Berechne mithilfe des Dreisatzes oder der Formeln. **Starthilfe** $p\% = \frac{W}{G}$ $G = \frac{W \cdot 100}{p}$ $W = \frac{p \cdot G}{100}$
Hinweis: Rechne gegebenenfalls auf einem zusätzlichen Blatt.

Prozentsatz $p\%$	10%	20%	50%	25%			90%
Grundwert G	100€	50€			150€	80€	200€
Prozentwert W			24€	45€	1,50€	4€	

3 Die Länge des dickeren, schwarzen Rahmens stellt jeweils den anfänglichen Grundwert dar.

Starthilfe 0% 100% 150% +50%
Der Grundwert wurde um 50% erhöht.
Der Grundwert wurde auf 150% erhöht.

a) Ergänze die Sätze.

Der Grundwert wurde um ___ % erhöht.

Der Grundwert wurde um ___ % verringert.

Der Grundwert wurde auf ___ % reduziert.

Der Grundwert wurde auf ___ % erhöht.

b) Veranschauliche jeweils den erhöhten bzw. den verringerten Grundwert.

Der Grundwert wurde um 30% verringert.

Der Grundwert wurde um 10% erhöht.

Der Grundwert wurde auf 70% reduziert.

Der Grundwert wurde auf 120% erhöht.

Anwenden und Vernetzen

4 Julian sagt: „Ich habe 36 Seiten der insgesamt 40 Seiten meines Buches gelesen.“
Hasan sagt: „Ich bin in meinem Buch auch auf Seite 36, habe aber erst ca. 20% des Buches gelesen.“

a) Wie viel Prozent seines Buches hat Julian schon gelesen?

b) Wie viele Seiten hat Hasans Buch?

5 Ayse möchte einen Pulli und ein Kleid während einer Sonderaktion kaufen. wird erst beim Bezahlen der Preis jedes Pullis um 15% und jedes Kleides um 30% reduziert.
Auf dem Preisschild des Pullis steht 40 € und auf dem des Kleides 50€.
Berechne den Gesamtpreis, den sie aufgrund der Sonderaktion nur zu zahlen hat.

Sachaufgaben zur Prozentrechnung

▶ Grundwissen

Schrittfolge beim Lösen von Sachaufgaben zur Prozentrechnung.
1. Schritt: **Lies** die Aufgabe gründlich durch.
2. Schritt: Überlege, welches der **Grundwert**, welches der **Prozentsatz** und welches der **Prozentwert** ist.
3. Schritt: Entscheide dich für einen **Lösungsweg** und berechne das Ergebnis.
4. Schritt: Überprüfe, ob dein Ergebnis stimmen kann. **Passt es** zum Überschlag und zum Aufgabentext?
5. Schritt: Formuliere einen sinnvollen **Antwortsatz**.

Trainieren

1 Unterstreiche jeweils mit unterschiedlichen Farben.

☐ Grundwert
☐ Prozentsatz
☐ Prozentwert

Starthilfe
Der Grundwert gibt die Größe des Ganzen an.
Der Prozentsatz gibt den Anteil vom Ganzen an.
Der Prozentwert gibt die Größe des Anteils an.

a) 12 Schüler der insgesamt 20 Schüler der Klasse 8b sind Jungen. Das sind 60 %.

b) Butter besteht zu knapp 16 % aus Wasser. In 250 g Butter sind damit ca. 40 g Wasser enthalten.

c) 30 %, also 90 km der 300 km langen Strecke ist Frau Schmidt schon gefahren.

d) Herr Meier spart jeden Monat 100 €. Das sind 5 % seines Monatseinkommens von 2 000 €.

e) Die Miete soll von jetzt 600 € um 8 % erhöht werden. Es müssen also 48 € mehr gezahlt werden.

f) Frau Siewert muss auf ihr Gehalt 7 % Steuern zahlen. Bei ihrem Gehalt von 1500 € beträgt der Steueranteil 105 €.

2 Kreuze jeweils zuerst an, was gesucht ist.
Berechne danach das Ergebnis.
Hinweis: Nutze wenn nötig ein zusätzliches Blatt.

Starthilfe
1. Unterstreiche wie in Aufgabe 1.
2. Berechne mit dem Dreisatz oder
$G = \frac{W \cdot 100}{p}$; $W = \frac{p \cdot G}{100}$; $p\,\% = \frac{W}{G}$.

a) 1 kg Brot enthält ca. 400 g Wasser.
Wie viel Prozent sind das? ☐ G ☐ $p\,\%$ ☐ W

____

b) 20 % der insgesamt 25 Schüler waren letzte Woche krank.
Wie viele Schüler waren krank? ☐ G ☐ $p\,\%$ ☐ W

____

c) Der Mantel ist jetzt 12 € billiger. Er wurde um 10 % reduziert.
Was kostete er ursprünglich? ☐ G ☐ $p\,\%$ ☐ W

____

d) 40 Gäste waren eingeladen, davon sind 90 % gekommen.
Wie viele Gäste waren da? ☐ G ☐ $p\,\%$ ☐ W

____

e) 60 Bäume stehen im Park, 9 davon sind Kastanien.
Wie viel Prozent der Bäume sind Kastanien? ☐ G ☐ $p\,\%$ ☐ W

____

f) Max hat im Test 40 Punkte erreicht. Das sind 80 %.
Wie viele Punkte waren zu erreichen? ☐ G ☐ $p\,\%$ ☐ W

____

3 Bewerte jeweils beide Antwortsätze zu Aufgabe 2.

Starthilfe 1. Ist das Ergebnis rechnerisch richtig?
2. Passt die Antwort zum Aufgabentext?

	richtig	falsch	passend	nicht passend
zu **a)** „Brot hat einen Wasseranteil von ca. 40 %."	☒	☐	☒	☐
„Brot enthält genau 40 % Wasser."	☐	☐	☐	☐
zu **b)** „5 Schüler entsprechen 20 %."	☐	☐	☐	☐
„5 Schüler waren letzte Woche krank."	☐	☐	☐	☐
zu **c)** „Der Mantel kostete vorher 120 €."	☐	☐	☐	☐
„Der Mantel kostete vorher 12 € mehr."	☐	☐	☐	☐
zu **d)** „36 Gäste waren eingeladen."	☐	☐	☐	☐
„36 Gäste sind gekommen."	☐	☐	☐	☐
zu **e)** „15 % der Bäume sind Kastanien."	☐	☐	☐	☐
„9 Bäume sind Kastanien."	☐	☐	☐	☐
zu **f)** „40 Punkte waren höchstens erreichbar."	☐	☐	☐	☐
„Die Gesamtpunktzahl des Tests war 50."	☐	☐	☐	☐

Anwenden und Vernetzen

4 1 kg Wassermelone besteht zu ca. 90 % aus Wasser.
Wie groß ist der Wassergehalt?
Kreuze den entsprechenden Antwortsatz an.

☐ 90 % Wassermelone wiegen 900 g.

☐ 900 g Wasser entsprechen 90 %.

☐ 1 kg Wassermelone enthält ca. 900 g Wasser.

☐ 1 kg Wassermelone enthält ca. 90 g Wasser.

☐ 1 kg Wassermelone enthält ca. 0,90 g Wasser.

Starthilfe 1 kg = 1000 g

5 Herr Schlau hat ein monatliches Einkommen von 1 650 €.
In der Tabelle hat er für den nächsten Monat seine geplanten Ausgaben eingetragen.
Finde die Fehler bzw. die unsinnigen Angaben in der Tabelle.
Gib auch die richtigen Werte an.
Hinweis: Nutze wenn nötig zum Rechnen ein zusätzliches Blatt.

Schlaus Einkommen	1650 €
Miete	– 525 €
Strom	– 62 €
Telefon und Internet	– 36 €
Versicherungen	– 65 €
Fahrgeld	– 55 €
20 % für den täglichen Bedarf	– 230 €
5 % für Kleidung	– 156 €
sonstige Ausgaben	– 112 €
Sparbetrag	– 400 €
	0,00 €

1. Fehler: ______________________________

____

2. Fehler: ______________________________

____

3. Fehler: ______________________________

____

Unsinnige Angaben: ______________________________

Begriffe der Zinsrechnung

▶ Grundwissen

In der Zinsrechnung sind die Bezeichnungen anders als in der Prozentrechnung, man unterscheidet zwischen

Zinssatz $p\,\%$ (p. a.), (Prozentsatz $p\,\%$)	Jahreszinsen Z (Prozentwert W)	und	Kapital K. (Grundwert G)

Beispiele:

Für das Leihen von 200 € sind nach einem Jahr 40 € zu zahlen. Berechne den Zinssatz.

	Betrag in €	Anteil ($p\,\%$)	
	200	100 %	
: 200	1	0,5 %	: 200
· 40	40	20 %	· 40

Der Zinssatz für geduldete Überziehung beträgt 12 %. Berechne die Jahreszinsen für 50 €.

	Anteil ($p\,\%$)	Betrag in €	
	100 %	50	
: 100	1 %	0,5	: 100
· 12	12 %	6	· 12

50 € Zinsen wurden nach einem Jahr gezahlt. Der Zinssatz war 2 % p. a. Berechne das Anfangskapital.

	Anteil ($p\,\%$)	Betrag in €	
	2 %	50	
: 2	1 %	25	: 2
· 100	100 %	2 500	· 100

Trainieren

1 Berechne je zweimal den Zinssatz, die Jahreszinsen und das Kapital mithilfe des Dreisatzes.

Starthilfe
1. Aufschreiben der gegebenen Größen.
2. Schluss auf Eins.
3. Schluss auf das Gesuchte.

a) 4 € Zinsen waren für 50 € nach einem Jahr zu zahlen.

	Betrag in €	Anteil ($p\,\%$)	
	50	100 %	
: 50			: 50
· ___	4		· ___

_______ betrug der Zinssatz.

b) Für 200 € wurden nach einem Jahr 6 € Zinsen gezahlt.

	Betrag in €	Anteil ($p\,\%$)	
___			___
___			___

_______ betrug der Zinssatz.

c) Berechne die Jahreszinsen bei 9 % p.a. für 300 €.

	Anteil ($p\,\%$)	Betrag in €	
	100 %	300	
___			___
___	9 %		___

_______ betragen die Jahreszinsen.

d) 800 € werden geborgt. Der Zinssatz beträgt 15 % p.a.

	Anteil ($p\,\%$)	Betrag in €	
	100 %		
___			___
___			___

_______ betragen die Jahreszinsen.

e) 35 € Zinsen gab es nach einem Jahr bei 7 % p.a.

	Anteil ($p\,\%$)	Betrag in €	
	7 %	35	
___			___
___	100 %		___

_______ betrug das Anfangskapital.

f) Bei 4 % p.a. gab es nach einem Jahr 160 € Zinsen.

	Anteil ($p\,\%$)	Betrag in €	
___			___
___			___

_______ betrug das Anfangskapital.

2 Berechne mithilfe des Dreisatzes oder der Formeln.
Hinweis: Rechne gegebenenfalls auf einem zusätzlichen Blatt.

Starthilfe $p\% = \frac{Z}{K}$ $K = \frac{Z \cdot 100}{p}$ $Z = \frac{p \cdot K}{100}$

Zinssatz $p\%$ (p.a.)	10%	1%	3%	5%			11,5%
Kapital K	200€	400€			1 000€	2 000€	5 000€
Jahreszinsen Z			18€	45€	10€	80€	

3 Ergänze.
Hinweis: Rechne gegebenenfalls auf einem zusätzlichen Blatt.

Starthilfe Rechne mit Dreisatz wie bei Aufgabe 1 oder mit den Formeln wie bei Aufgabe 2.

a) Herr Barak leiht sich für ein Jahr 200€ und zahlt dafür 18€ Jahreszinsen. Der Zinssatz beträgt ____________

b) Frau Kaleli legt für ein Jahr 1 000€ an und erhält dafür 20€ Jahreszinsen. Der Zinssatz beträgt ____________

c) Herr Jonasson legt für ein Jahr 3 000€ an und erhält dafür 60€ Jahreszinsen. Der Zinssatz beträgt ____________

d) Herr Mlosic leiht sich für ein Jahr 500€ zu einem Zinssatz von 11%. Die Jahreszinsen betragen ____________

e) Frau Karras legt für ein Jahr 2 000€ zu einem Zinssatz von 3% an. Die Jahreszinsen betragen ____________

f) Familie Wiesen legt für ein Jahr 2 500€ zu einem Zinssatz von 2% an. Die Jahreszinsen betragen ____________

g) Frau Haddad zahlte bei einem Zinssatz von 10% nach einem Jahr 200€ Zinsen. Sie lieh sich ____________

h) Herr Kleist erhielt bei einem Zinssatz von 2% nach einem Jahr 46€ Zinsen. Er legte ____________ an.

i) Familie Schmidt erhielt bei einem Zinssatz von 1,5% nach einem Jahr 45€ Zinsen. Sie legte ____________ an.

Anwenden und Vernetzen

4 Frau Schmidt legte 6 000€ für ein Jahr bei der Hyper-Bank an.
Ihr werden nach Ablauf eines Jahres 120€ Zinsen und die 6 000€ Anfangskapital ausgezahlt, also insgesamt 6 120€.

a) Ermittle den Zinssatz.

____

b) Frau Schmidt möchte erneut 6 000€ für ein Jahr anlegen.
Die Super-Bank wirbt mit einem Zinssatz von 2,5% p.a.
Berechne, wie viel sie von der Bank nach einem Jahr insgesamt ausgezahlt bekommen kann.

____

c) An der Giga-Bank steht:

„… bis zu 2100€ Jahreszinsen bei einem Zinssatz von 3% p.a."

Ermittle, wie viel Euro man höchstens nach einem Jahr bei diesem Angebot ausgezahlt bekommen kann.

____

____

____

d) Ermittle mithilfe des Internets, wie viel Zinsen derzeit für 600€ pro Jahr gezahlt werden bzw. zu zahlen sind.
Was fällt dir auf?

Zinsen für unterschiedliche Anlagedauern

▶ Grundwissen

Durch Multiplizieren der Zinsen für ein Jahr mit dem Anteil des Jahres, für den Zinsen zu zahlen sind, berechnet man Zinsen für unterschiedliche Anlagedauern.

		Beispiel: 2 000 € werden mit 3 % verzinst.	
• Zinsen für ein Jahr:	$Z = \frac{p \cdot K}{100}$	Zinsen für 1 Jahr:	$Z = 60\,€$
• Zinsen für *d* Tage:	$Z_d = Z \cdot \frac{d}{360}$	Zinsen für 60 Tage:	$Z = 60\,€ \cdot \frac{60}{360} = 60\,€ \cdot \frac{1}{6} = 10\,€$
• Zinsen für *m* Monate:	$Z_m = Z \cdot \frac{m}{12}$	Zinsen für 4 Monate:	$Z = 60\,€ \cdot \frac{4}{12} = 60\,€ \cdot \frac{1}{3} = 20\,€$

Trainieren

1 Ermittle jeweils den Anteil eines Jahres.
Hinweis: Nimm zur Vereinfachung an, dass jeder Monat 30 Tage hat.

Starthilfe 12 Monate sind ein Jahr. 360 Tage sind ein Jahr.

Januar (30 Tage)	Februar (30 Tage)	März (30 Tage)	April (30 Tage)	Mai (30 Tage)	Juni (30 Tage)
Juli (30 Tage)	August (30 Tage)	September (30 Tage)	Oktober (30 Tage)	November (30 Tage)	Dezember (30 Tage)

a) Anteil von Monaten eines Jahres („$\frac{\square}{12}$“)

Anlagedauer	2 Monate	5 Monate	7 Monate	8 Monate	10 Monate
Anteil eines Jahres	$\frac{2}{12} = \frac{1}{6}$				

b) Anteil von Tagen eines Jahres („$\frac{\square}{360}$“)

Anlagedauer	60 Tage	120 Tage	300 Tage	15 Tage	10 Tage
Anteil eines Jahres	$\frac{60}{360} = \frac{1}{6}$				

2 Berechne die Zinsen für die Monate.

Starthilfe Zinsen für ein Jahr mal „$\frac{\square}{12}$“

Zinsen für ein Jahr	60 €	60 €	60 €	60 €	60 €
Anlagedauer	1 Monat	6 Monate	4 Monate	3 Monate	9 Monate
Anteil eines Jahres	$\frac{1}{12}$				
Zinsen für die Monate	$60\,€ \cdot \frac{1}{12} = 5\,€$				

3 Berechne die Zinsen für die Tage.

Starthilfe Zinsen für ein Jahr mal „$\frac{\square}{360}$“

Zinsen für ein Jahr	50 €	50 €	50 €	50 €	50 €
Anlagedauer	36 Tage	180 Tage	18 Tage	540 Tage	90 Tage
Anteil eines Jahres	$\frac{36}{360} = \frac{1}{10}$				
Zinsen für die Tage	$50\,€ \cdot \frac{1}{10} = 5\,€$				

4 Berechne jeweils die Zinsen für die Anlagedauer.

Starthilfe Zinsen für ein Jahr mal Anlagedauer „$\frac{\square}{\square}$“

Kapital	5 000,00 €	10 000,00 €	1 000,00 €	10 000,00 €	5 000,00 €
Zinssatz p. a.	2 %	2,1 %	2 %	4 %	4 %
Zinsen für ein Jahr					
Anlagedauer	6 Monate	4 Monate	halbes Jahr	36 Tage	72 Tage
Anteil eines Jahres					
Zinsen für die Anlagedauer					

5 Ergänze die fehlenden Linien.
Hinweis: Rechne auf einem zusätzlichen Blatt.

Starthilfe erst: „Kapital“ bis „Zinsen für ein Jahr“
danach: bis „ Zinsen für die Anlagerdauer“

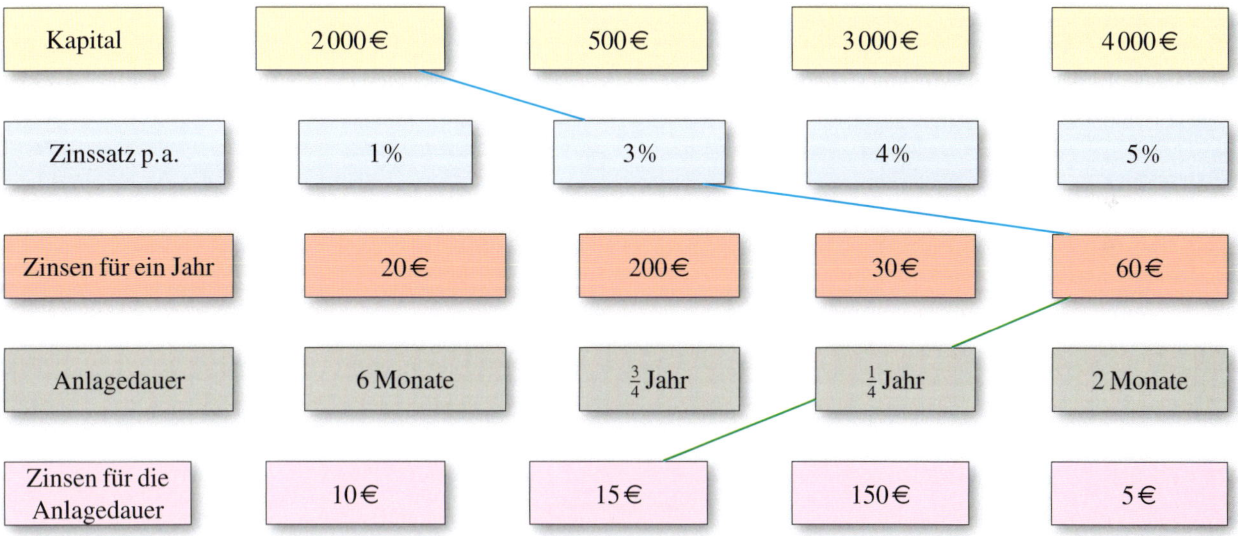

Anwenden und Vernetzen

6 Eine Bank bietet einen Zinssatz von 4 % p.a., wenn 10 000,00 € für 2,5 Jahre angelegt werden.
Man kann entscheiden, ob jeweils die Zinsen für ein Jahr ausgezahlt oder mitverzinst werden sollen.
Ermittle mithilfe der Tabellen den Unterschied der insgesamt anfallenden Zinsen.
Hinweis: Rechne gegebenenfalls auf einem zusätzlichen Blatt.

Zinsen werden am Ende jedes Jahres ausgezahlt		
	Zinsen	Kapital
Anfang		10 000,00 €
nach 1 Jahr	400,00 €	10 000,00 €
nach 2 Jahren		
nach 2,5 Jahren		
Gesamtsumme der Zinsen		

Zinsen werden erst nach 2,5 Jahren ausgezahlt		
	Zinsen	Kapital
Anfang		10 000,00 €
nach 1 Jahr	400,00 €	10 400,00 €
nach 2 Jahren		
nach 2,5 Jahren		
Gesamtsumme der Zinsen		

Prismen erkennen und beschreiben

▶ Grundwissen

Ein Prisma hat folgende Eigenschaften:
- Die Grund- und Deckfläche sind zueinander kongruente (deckungsgleiche) und parallele n-Ecke.
- Die Seitenflächen sind Rechtecke.

Beispiel:

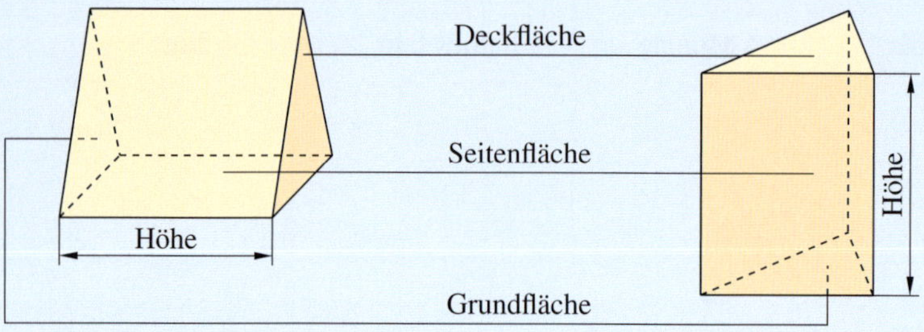

Trainieren

1 Welche der folgenden Flächen kann Grundfläche eines Prismas sein? Kreuze an.

Starthilfe Dreieck, Viereck, Fünfeck, Sechseck, …, n-Eck?

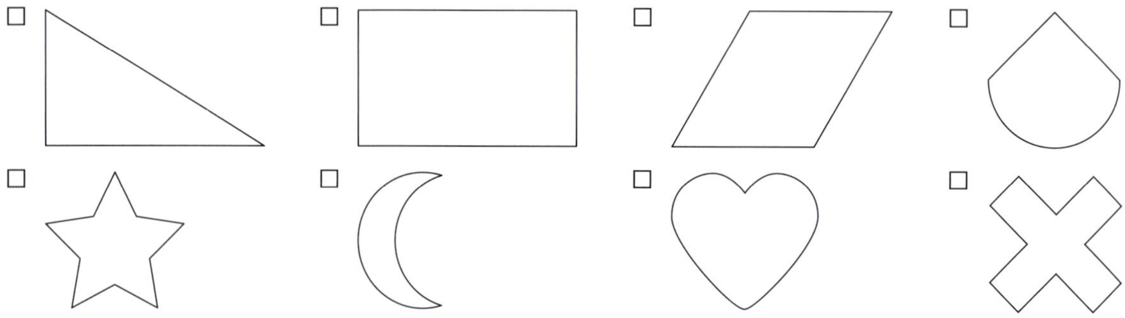

2 Gib jeweils die Anzahl der Prismen an.
Hinweis: Überlege dir Begründungen.

Starthilfe 1. Zueinander kongruente und parallele n-Ecke?
2. Rest Rechtecke?

gelbe Prismen: ____________________

blaue Prismen: ____________________

grüne Prismen: ____________________

rote Prismen: ____________________

3 Welche der Gegenstände haben oft die Form eines Prismas? Kreuze an.
Hinweis: Stell dir konkrete Beispiele vor.

Starthilfe 1. Was könnte Grund- bzw. Deckfläche sein?
2. Rest Rechtecke?

a) Verpackungen für Konfekt ☐ Prisma ☐ kein Prisma

b) Hausdächer von Einfamilienhäusern mit Dachziegeln ☐ Prisma ☐ kein Prisma

c) Dächer von Kirchtürmen ☐ Prisma ☐ kein Prisma

d) Kartons für Schuhe ☐ Prisma ☐ kein Prisma

e) Lutscher ohne Stiel ☐ Prisma ☐ kein Prisma

f) Buntstifte ohne die Spitze ☐ Prisma ☐ kein Prisma

4 Netz und Höhe

Starthilfe

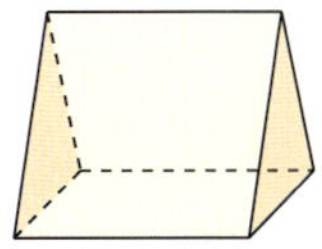

☐ Grundfläche
☐ Seitenfläche

a) Markiere in den Netzen von Prismen zuerst die Grund- bzw. die Deckfläche und danach die Seitenflächen. Lege zuvor Farben fest.

☐ Grund- und Deckfläche ☐ Seitenflächen

b) Miss die Höhe im Netz des Prismas und schreibe sie an eine entsprechende Linie.

①

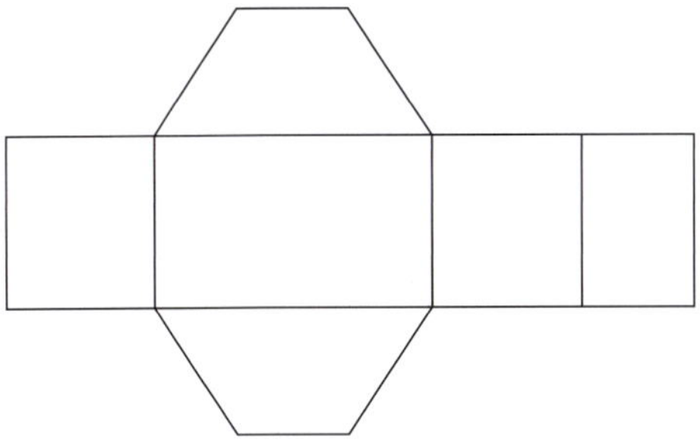

②

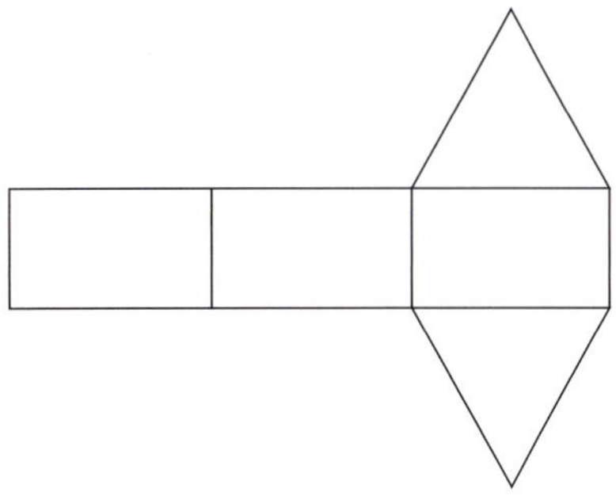

③

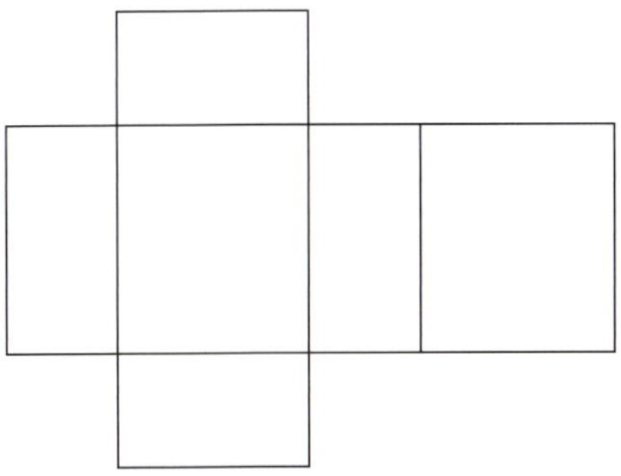

④

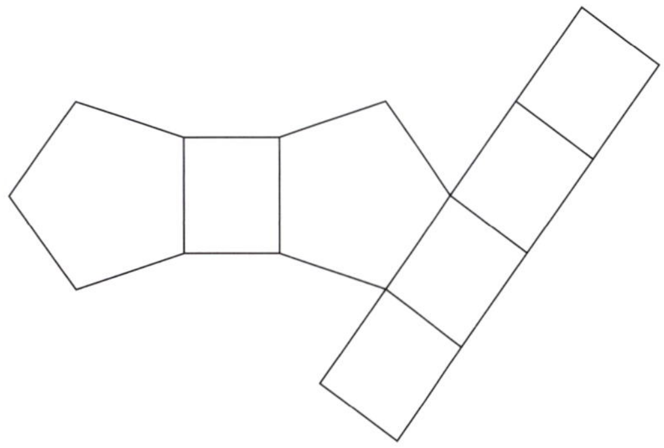

Anwenden und Vernetzen

5 Schrägbild, Netz und Körper

Starthilfe

Winkel und Länge in Originalgröße
Winkel statt 90° in 45° und halbe Länge

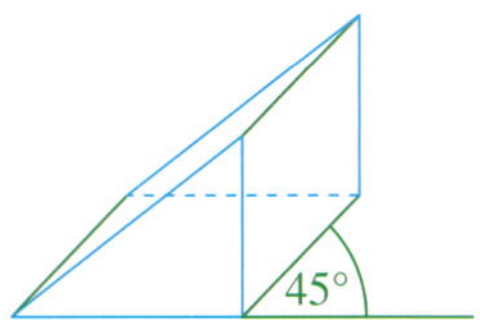

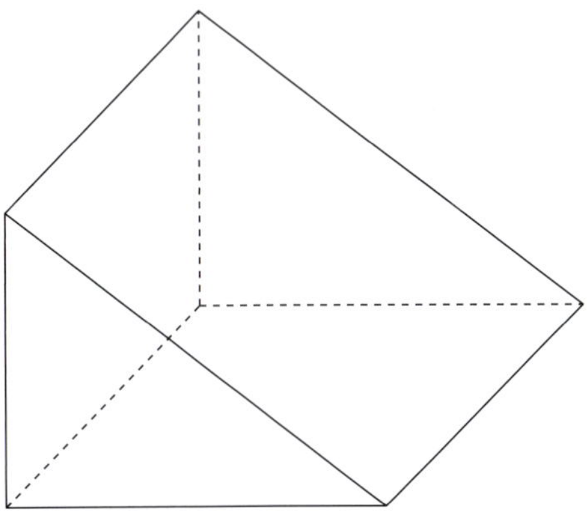

a) Schreibe die Länge jeder Kante im Original an das Schrägbild.

b) Zeichne auf kariertes Papier ein Netz des Prismas.

c) Schneide das Netz des Prismas aus und falte den Körper.
Hinweis: Korrigiere gegebenfalls deine Fehler.

d) Betrachte dein Prisma und ergänze.

Anzahl der Flächen: ______ Anzahl der Ecken: ______ Anzahl der Kanten: ______

e) Klebe dein Netz an einer Fläche links unter der Starthilfe auf und färbe die Grund- bzw. die Deckfläche und die Seitenflächen unterschiedlich ein.

Oberfläche von Prismen

▶ Grundwissen

- Die Oberfläche eines Prismas besteht aus allen Seitenflächen S und der Grund- und der Deckfläche G.
- Für die Größe der Oberfläche O gilt: $O = S_1 + S_2 + \ldots + S_n + 2G$

Beispiel:

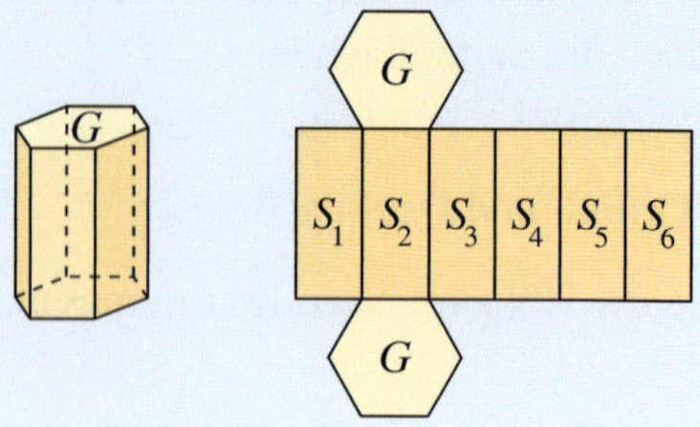

Trainieren

1 Flächeninhalte

Starthilfe Ein Kästchen ist $0{,}25\,\text{cm}^2$ groß; zwei $0{,}5\,\text{cm}^2$ drei $0{,}75\,\text{cm}^2$; vier $1\,\text{cm}^2$; fünf $1{,}25\,\text{cm}^2$, …

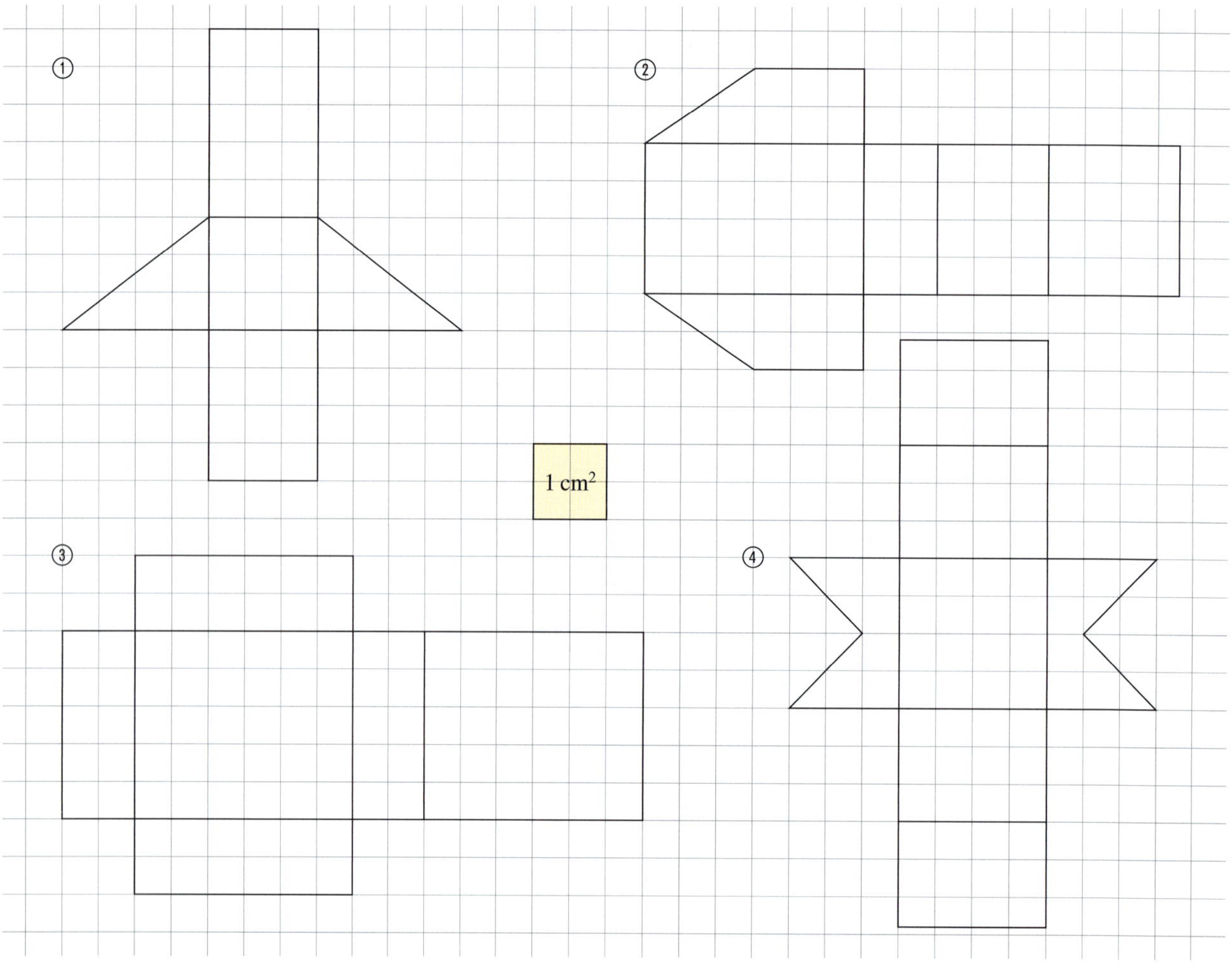

a) Schreibe in jede Fläche den entsprechenden Flächeninhalt.

b) Ermittle jeweils die Größe der Oberfläche des dazugehörigen Prismas.

① Prisma mit Dreieck als Grundfläche: ______

② Prisma mit Trapez als Grundfläche: ______

③ Prisma mit Rechteck als Grundfläche: ______

④ Prisma mit Fünfeck als Grundfläche: ______

2 Die Grundflächen von 1 cm hohen Prismen wurden in Originalgröße abgebildet.

Starthilfe $O = S_1 + S_2 + \ldots + S_n + 2G$

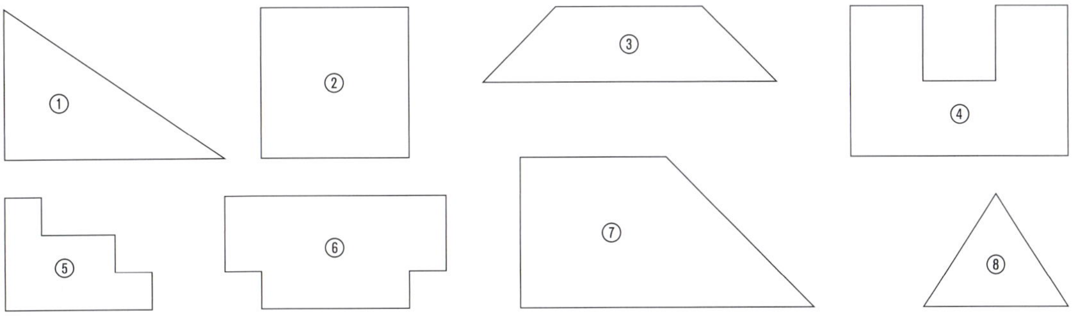

a) Aus wie vielen Flächen besteht jeweils die Oberfläche des Prismas.
Hinweis: Erkläre einem Mitschüler oder einer Mitschülerin, wie du zählst, oder lass es dir erklären.

Prisma	①	②	③	④	⑤	⑥	⑦	⑧
Flächen								

b) Ordne jedem Prisma seine Größe der Oberfläche zu.
Hinweis: $O = S_1 + \ldots + S_n + 2G = u \cdot h_k + 2G$, wobei u Umfang der Grundfläche und h_k die Höhe des Prismas ist.

8,6 cm² | 11 cm² | 14,6 cm² | 14,83 cm² | 16 cm² | 17 cm² | 22 cm² | 22,83 cm²

Prisma	①	②	③	④	⑤	⑥	⑦	⑧
Oberfläche								

Anwenden und Vernetzen

3 Schrägbild, Netz und Größe der Oberfläche

a) Im Schrägbild ist ein Prisma im Maßstab 1: 1 dargestellt.
Überlege, welche Längen zur Berechnung der Flächeninhalte benötigt werden.
Schreibe die vier Größenangaben an das Schrägbild.

b) Ermittle den Flächeninhalt jeder Fläche und der Oberfläche.

Flächeninhalt jeder Fläche:

___

___

___

___

Flächeninhalt der Oberfläche:

___

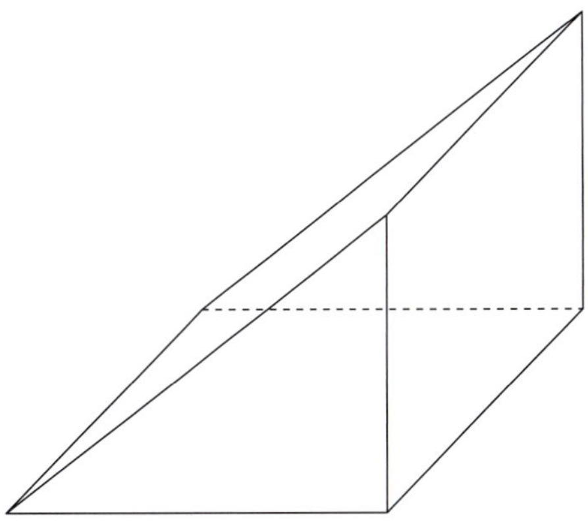

c) Gib den Flächeninhalt der Oberfläche in mindestens einer weiteren Einheit an.
Hinweis: $1\,cm^2 = 100\,mm^2$ $1\,dm^2 = 100\,cm^2$ $1\,m^2 = 100\,dm^2$

___

Volumen von Prismen

▶ Grundwissen

Das Volumen V eines Prismas ist das Produkt des Flächeninhalts der Grundfläche G und der Körperhöhe h_k.

$V = G \cdot h_k$

Beispiel:
$V = 2\,\text{cm}^2 \cdot 4{,}5\,\text{cm} = 9\,\text{cm}^3$

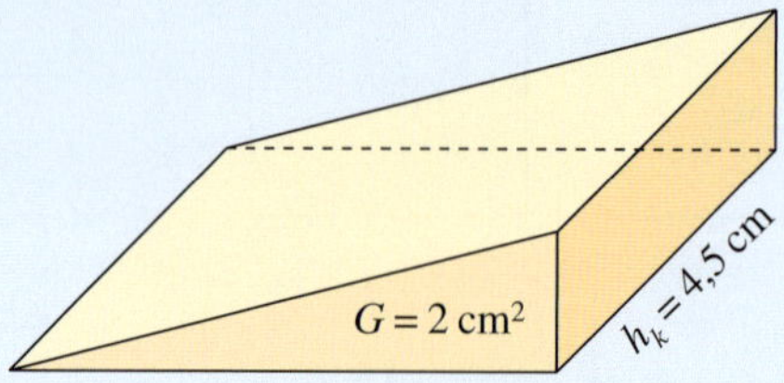

Trainieren

1 Prismen aus Einheitswürfeln

Starthilfe Jeder „kleine“ Würfel ist $1\,\text{cm}^3$ groß. Jede seiner Kanten ist 1 cm lang. Die Flächen sind $1\,\text{cm}^2$ groß.

①

②
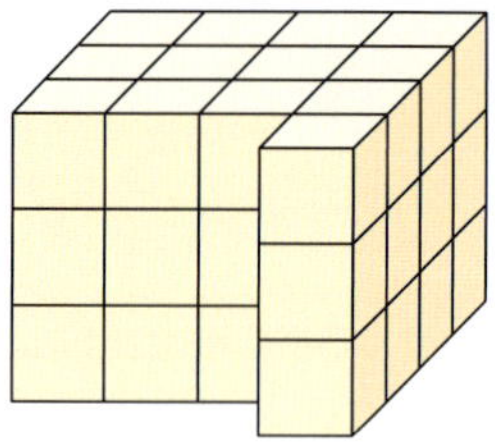

③
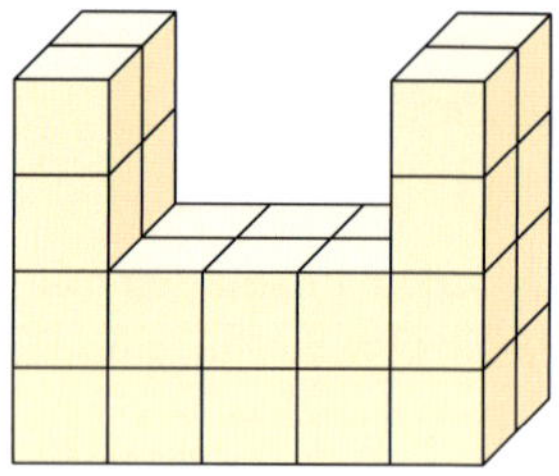

a) Färbe zuerst jeweils die Grundfläche ein und gib den Flächeninhalt der Grundfläche G an.
Ermittle danach die Höhe h_k jedes Prismas und färbe eine dementsprechende Kante ein.

① $G =$ ______ $h_k =$ ______ ② $G =$ ______ $h_k =$ ______ ③ $G =$ ______ $h_k =$ ______

b) Berechne jeweils das Volumen V des Prismas.
Hinweis: Überprüfe dein Ergebnis durch „Auszählen“ der Einheitswürfel.

① $V =$ ______ ② $V =$ ______ ③ $V =$ ______

c) Stell dir vor: Einheitswürfel wurden so angelegt, dass 4 cm hohe Prismen entstanden.
Die Grundfläche bleibt unverändert. Berechne jeweils das Volumen des entstandenen Prismas.

① $V =$ ______ ② $V =$ ______ ③ $V =$ ______

2 Berechne jeweils das Volumen des Prismas.

Starthilfe „Flächeninhalt der Grundfläche“ mal „Körperhöhe“

①
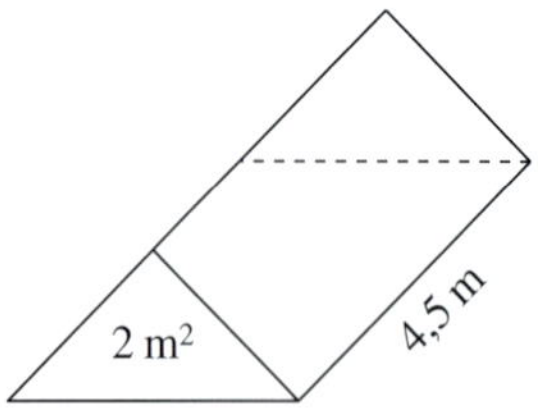

②
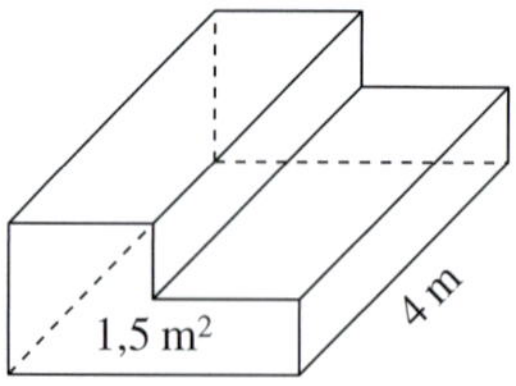

③
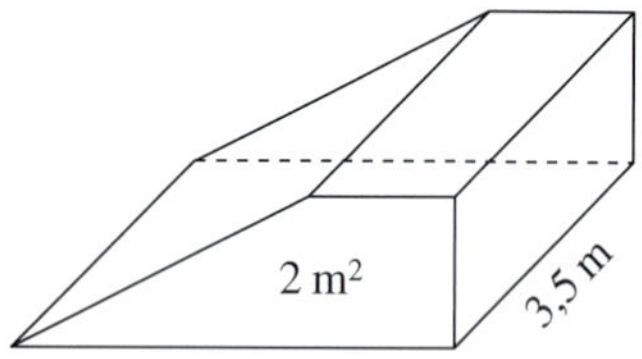

______ ______ ______

3 Korrigiere jeweils den Fehler.

Starthilfe Berechne die Volumen V und beachte die Einheiten.

a) Für ein Prisma aus Einheitswürfeln gilt: $G = 2\,\text{cm}^2$; $h_k = 3\,\text{cm}$ und $V = 5\,\text{cm}^3$. ______

b) Für ein Prisma aus Einheitswürfeln gilt: $G = 5\,\text{cm}$; $h_k = 3\,\text{cm}$ und $V = 15\,\text{cm}^3$. ______

c) Für ein Prisma aus Einheitswürfeln gilt: $G = 9\,\text{cm}^2$; $h_k = 2\,\text{cm}^2$ und $V = 18\,\text{cm}^3$. ______

4 Grundflächen in Originalgröße **Starthilfe** Je vier Kästchen sind zusammen $1\,cm^2$ groß.

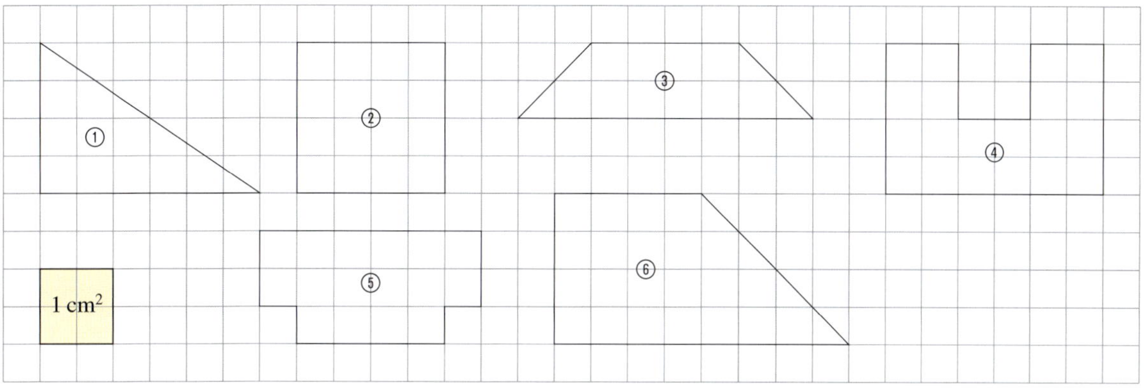

a) Schreibe in die Zeichnung jeweils den Flächeninhalt der Grundfläche.

b) Stell dir vor: Abgebildet sind die Grundflächen von 1 cm hohen Prismen.
Gib in der Tabelle jeweils das entsprechende Volumen an.

$h_k = 1\,cm$	①	②	③	④	⑤	⑥
Volumen	$3\,cm^3$					

c) Stell dir vor: Abgebildet sind die Grundflächen von 5 cm hohen Prismen.
Gib in der Tabelle jeweils das entsprechende Volumen an.

$h_k = 5\,cm$	①	②	③	④	⑤	⑥
Volumen	$15\,cm^3$					

d) Stell dir vor: Abgebildet sind die Grundflächen von unterschiedlich hohen Prismen.
Ergänze die Tabelle entsprechend.
Hinweis: Übernimm aus der Zeichnung die bereits bei Teilaufgabe **a** ermittelten Flächeninhalte der Grundflächen.

	①	②	③	④	⑤	⑥
G	$3\,cm^2$					
h_k	$10\,cm$	$2\,cm$		$7\,cm$		$9\,cm$
V	$30\,cm^3$		$12\,cm^3$		$24\,cm^3$	

Anwenden und Vernetzen

5 Volumen des Prismas **Starthilfe** Nutze das Netz von Aufgabe 5 auf Seite 29

a) Im Schrägbild ist ein Prisma im Maßstab 1 : 1 dargestellt.
Überlege, welche Längen zur Berechnung des Volumens benötigt werden.
Schreibe die drei Größenangaben an das Schrägbild.

b) Berechne das Volumen V des Prismas.

c) Ein Prisma hat die gleiche Höhe und ein doppelt so großes Volumen.
Skizziere mindestens zwei infrage kommende Grundflächen.

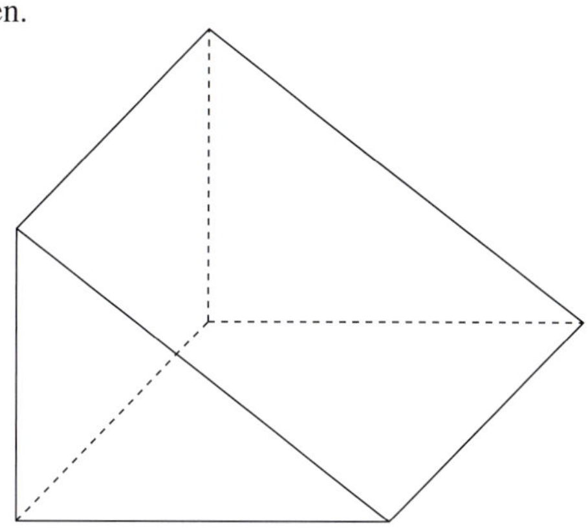

Oberfläche von Zylindern

▶ Grundwissen

- Die Oberfläche eines Zylinders besteht aus der Mantelfläche M (Rechteck) und der Grund- und der Deckfläche G (Kreise).
- Für die Größe der Oberfläche O gilt: $O = M + 2 \cdot G$
  $O = 2 \cdot r \cdot \pi \cdot h_k + 2 \cdot \pi \cdot r^2$

Beispiel:

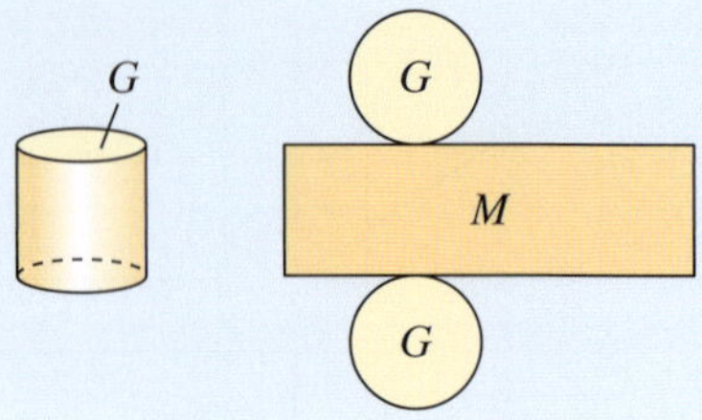

Trainieren

1 Teile mit der Form eines Zylinders?

Starthilfe 1. Zwei Kreise (G)? 2. Ein Rechteck (M)?

a) Kreuze an.

rote Räder	☐ Zylinder	☐ kein Zylinder
blauer Schornstein	☐ Zylinder	☐ kein Zylinder
grüner Kessel der Lok	☐ Zylinder	☐ kein Zylinder
rotes Dach der Lok	☐ Zylinder	☐ kein Zylinder
blaue Wagonkupplung	☐ Zylinder	☐ kein Zylinder

b) Wie viele zylinderförmige Holzteile wurden mindestens verbaut?

____

c) Welche Teile mit der Form eines Zylinders haben die größte Grundfläche? ______________

d) Welche Teile mit der Form eines Zylinders haben die größte Mantelfläche? ______________

2 Berechne die Flächeninhalte von fünf Zylindern, die 5 cm hoch sind.
Hinweis: Runde jeweils auf die zweite Stelle nach dem Komma.

a) Ermittle die Flächeninhalte der Grundflächen. **Starthilfe** $G = \pi \cdot r^2$

Zylinder	①	②	③	④	⑤
Radius r	3 cm	4 cm	1 m	1,2 m	3,5 m
Flächeninhalt der Grundfläche					

b) Ermittle die Flächeninhalte der Mantelflächen. **Starthilfe** $M = 2 \cdot r \cdot \pi \cdot h_k$
$h_k = 5\text{ cm}$

Zylinder	①	②	③	④	⑤
Radius r	3 cm	4 cm	1 m	1,2 m	3,5 m
Flächeninhalt der Mantelfläche					

c) Ermittle die Flächeninhalte der Oberflächen. **Starthilfe** $O = M + 2 \cdot G$

Zylinder	①	②	③	④	⑤
Radius r	3 cm	4 cm	1 m	1,2 m	3,5 m
Flächeninhalt der Oberfläche					

3 Ermittle jeweils die Größe der Oberfläche des dazugehörigen Zylinders.
Hinweis: Schreibe Zwischenergebnisse in die Zeichnung.

Starthilfe Flächeninhalt des Mantels: $A_{\text{Rechteck}} = 2 \cdot r \cdot \pi \cdot h_K$
Flächeninhalt der Grundfläche: $A_{\text{Kreis}} = \pi \cdot r^2$
Flächeninhalt der Oberfläche: $O = M + 2 \cdot G$

a)

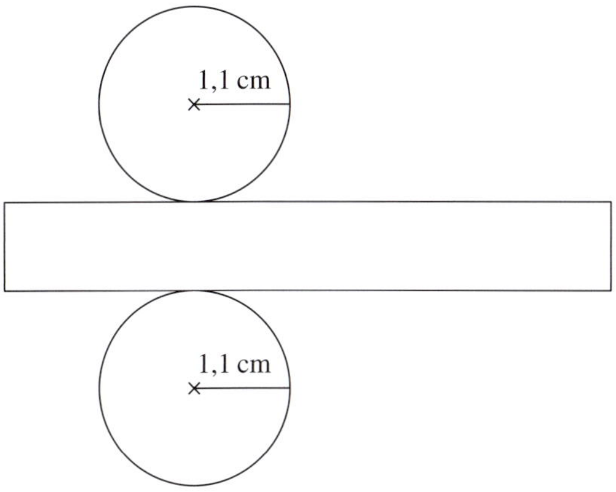

b)

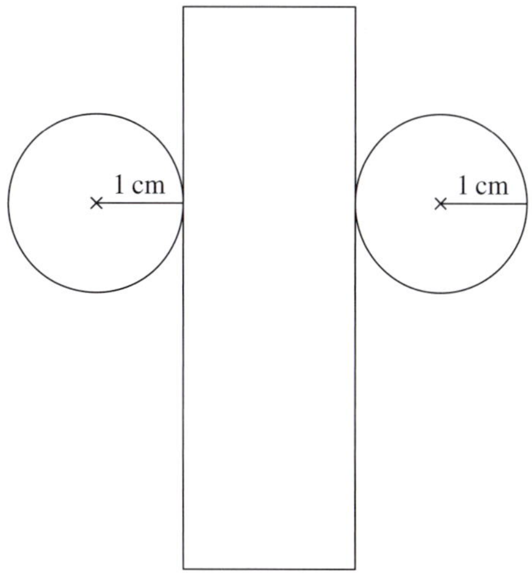

Anwenden und Vernetzen

4 Ein Zylinder ist 3 cm hoch und hat einen Radius von 2 cm.

a) Zeichne ein Netz des Zylinders in Originalgröße.
Hinweis: Zeichne es auf ein zusätzliches Blatt, schneide es zur Kontrolle aus und klebe es danach hier auf.

Starthilfe $M = (2 \cdot r \cdot \pi) \cdot h_k$
„Länge“ mal „Breite“

b) Kreuze die Größe der Oberfläche des Zylinders an.

☐ 68,83 m ☐ 68,83 m² ☐ 62,83 cm ☐ 62,83 cm² ☐ 86,83 cm ☐ 86,83 cm³

Volumen von Zylindern

▶ Grundwissen

Das Volumen V eines Zylindern ist das Produkt des Flächeninhalts der Grundfläche G und der Körperhöhe h_k.

$V = G \cdot h_k$ $\quad$ $G = \pi \cdot r^2$

Beispiel:
$V = 2\ \text{cm}^2 \cdot 4{,}5\ \text{cm} = 9\ \text{cm}^3$

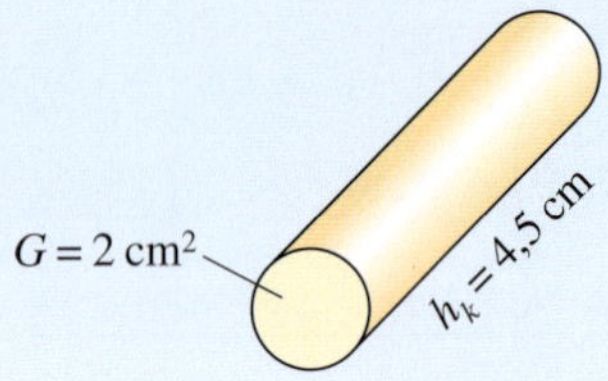

Trainieren

1 Berechne jeweils das Volumen des Zylinders.

Starthilfe „Grundfläche“ mal „Körperhöhe“

	①	②	③	④	⑤
r	1 cm	1 cm	1 cm	1 cm	1 cm
G	3,14 cm²	3,14 cm²	3,14 cm²	3,14 cm²	3,14 cm²
h_k	8,00 cm	6,00 cm	4,00 cm	2,00 cm	1,00 cm
V	25,12 cm²				

2 Ermittle die Größenangaben zu den Zylindern.

Starthilfe Lies r und h_k ab. $G = \pi \cdot r^2$ $\quad$ $V = G \cdot h_k$

①

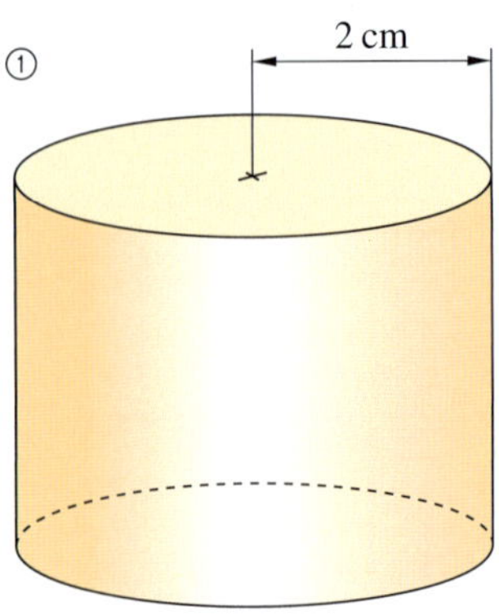

②

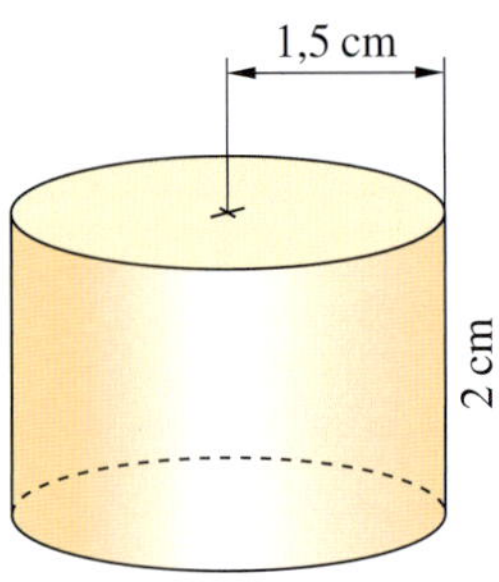

③

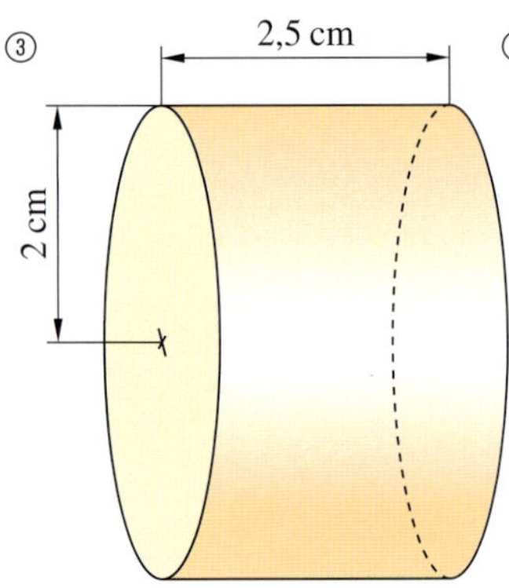

④

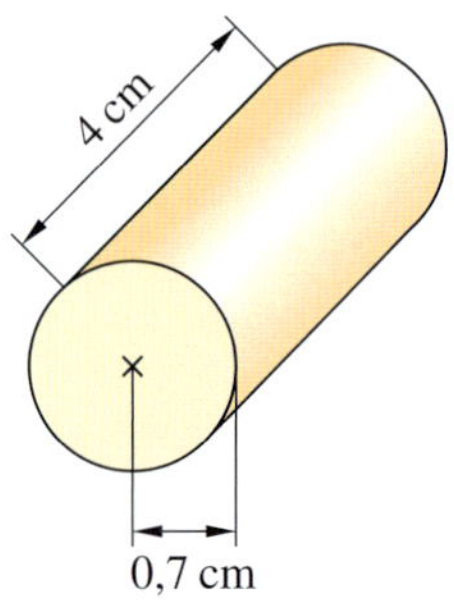

①	②	③	④
$r = 2\ \text{cm}$	$r =$ ______	$r =$ ______	$r =$ ______
$G = \pi \cdot (2\ \text{cm})^2$	$G =$ ______	$G =$ ______	$G =$ ______
$G \approx 12{,}57\ \text{cm}^2$	______	______	______
$h_k = 3\ \text{cm}$	$h_k =$ ______	$h_k =$ ______	$h_k =$ ______
$V = \pi \cdot (2\ \text{cm})^2 \cdot 3\ \text{cm}$	$V =$ ______	$V =$ ______	$V =$ ______
$V \approx 37{,}70\ \text{cm}^3$	______	______	______

3 Gib die Durchmesser der Zylinder in Aufgabe **2** an.

Starthilfe $2 \cdot r = d$

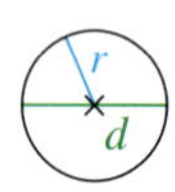

Zylinder ①: ______

Zylinder ②: ______

Zylinder ③: ______

Zylinder ④: ______

4 Korrigiere jeweils den Fehler.

Starthilfe Berechne die Volumen V und beachte die Einheiten.

a) Für einen Zylinder gilt: $G = 2\ \text{cm}^2$; $h_k = 7\ \text{cm}$ und $V = 9\ \text{cm}^3$. ______

b) Für einen Zylinder gilt: $G = 6\ \text{cm}^2$; $h_k = 3\ \text{cm}^2$ und $V = 18\ \text{cm}^3$. ______

c) Für einen Zylinder gilt: $G = 9\ \text{m}^2$; $h_k = 2\ \text{cm}^2$ und $V = 18\ \text{cm}^3$. ______

5 Ergänze die fehlenden Größen in der Tabelle.
Hinweis: Runde jeweils auf die zweite Stelle nach dem Komma.

Starthilfe $d = 2 \cdot r$ $G = \pi \cdot r^2$ $V = G \cdot h_k$

	①	②	③	④	⑤	⑥
r	4 cm	7 cm	7,2 cm			
d				4 dm	6 dm	2 m
G						
h_k	5 cm	7 cm	8,1 cm	0,4 dm	1,1 dm	0,2 m
V						

Anwenden und Vernetzen

6 Eine Dose mit gekochten Linsen ist 11 cm hoch und hat einen Radius von 4,9 cm.

a) Gib den Inhalt der Dose in Litern an.

Starthilfe $1\,000\ \text{cm}^3 = 1\ \text{l}$

______

______

b) Berechne, wie viel Blech mindestens zur Herstellung der Dose benötigt wurde. Runde auf volle Quadratzentimeter.

______

______

______

7 Eine Getränkedose fasst etwas mehr als einen halben Liter.

Starthilfe Suche eine solche Dose oder stell sie dir vor.

a) Kreuze die passenden Größenangaben an.

☐ $h_k = 10{,}2\ \text{cm}$ ☐ $h_k = 16{,}7\ \text{cm}$ ☐ $h_k = 21{,}8\ \text{cm}$ ☐ $r = 2{,}7\ \text{cm}$ ☐ $r = 3{,}2\ \text{cm}$ ☐ $r = 5{,}3\ \text{cm}$

b) Berechne mit den angekreuzten Werten das Volumen der Dose. Gib das Ergebnis in Litern an.

______

c) Nenne mindestens einen Grund, warum das berechnete Volumen größer als ein halber Liter sein muss.

______

______

______

Klammern auflösen und setzen

▶ Grundwissen

Das Verteilungsgesetz kann auch in umgekehrter Richtung angewandt werden.

Verteilungsgesetz: $a \cdot (b + c) = a \cdot b + a \cdot c$ Umkehrung: $a \cdot b + a \cdot c = a \cdot (b + c)$

Beispiele: $-2 \cdot (b + c) = -2b - 2c$ $-2b - 2c = -2 \cdot (b + c)$

Trainieren

1 Ordne gleichwertige Terme einander zu.

Starthilfe Zeichne Pfeile. $5\,(a - b + c) = 5a - 5b + 5c$

$4\,(a + b)$	$2\,(a - b - c)$	$4\,(a - b + c)$	$3\,(a + b)$	$3\,(a - b)$	$-2\,(a + b + c)$
$2a - 2b - 2c$	$4a + 4b$	$3a + 3b$	$-2a - 2b - 2c$	$4a - 4b + 4c$	$3a - 3b$

2 Löse die Klammern auf und vereinfache.

Starthilfe $3a \cdot (a + 2c) = 3a \cdot a + 3a \cdot 2c = 3a^2 + 6ac$

a) $5\,(x + 2y) = 5x + 10y$ **b)** $10\,(a + 2b + c) =$ ______

c) $4\,(a + b + 2c) =$ ______ **d)** $a\,(a + b + 5c) =$ ______

e) $2\,(x + 2y + 3) =$ ______ **f)** $2x\,(x + y + 3z) =$ ______

g) $(a + 5b + c) \cdot 3 =$ ______ **h)** $(2a + 4b + 10) \cdot c =$ ______

i) $(7 + 2{,}5b - 0{,}2a) \cdot 4 =$ ______ **j)** $(2x - 0{,}1y + z) \cdot 2z =$ ______

3 Setze „=“ bzw. „≠“ ein.
Unterstreiche gegebenenfalls rechts vom „≠“ den Fehler.

Starthilfe $2\,(a - 2) \neq 2a - \underline{2}$ $2\,(a - 2) = 2a - 4$

a) $2\,(a + 4)$ ☐ $2a + 8$ **b)** $4 \cdot (2 + y)$ ☐ $6 + 4y$ **c)** $10a + 10b$ ☐ $10\,(a + b)$ **d)** $3a - 3b$ ☐ $3\,(a + b)$

e) $20\,(1 - x^2)$ ☐ $20 + 20x^2$ **f)** $5 \cdot (1 + x)$ ☐ $5 + 5x$ **g)** $3x + 30$ ☐ $3\,(x + 30)$ **h)** $10 - 8y$ ☐ $2\,(5 - 4y)$

i) $5a\,(a + 2)$ ☐ $5a + 10a$ **j)** $4a\,(2 - b)$ ☐ $8a - 4ab$ **k)** $6a + 3ab$ ☐ $3(2a + ab)$ **l)** $4 - 4a$ ☐ $2(2 - 4a)$

m) $2b\,(3 - 5c)$ ☐ $6b - 10bc$ **n)** $5x\,(y - 2x)$ ☐ $5xy - 2x^2$ **o)** $2xy + 16$ ☐ $2(xy + 8)$ **p)** $4s - 18st$ ☐ $2(2s - 9t)$

4 Ergänze jeweils den Faktor.

Starthilfe zu **a)** $20a = \square \cdot 10a$ und $6 = \square \cdot 3$

a) $20a + 6 =$ ____ $\cdot\,(10a + 3)$ **b)** $15a - 10 =$ ____ $\cdot\,(3a - 2)$

c) $12a + 16 =$ ____ $\cdot\,(3a + 4)$ **d)** $10a + 20b =$ ____ $\cdot\,(a + 2b)$

e) $6a + ab =$ ____ $\cdot\,(6 + b)$ **f)** $ab + 10b =$ ____ $\cdot\,(a + 10)$

g) $8a - 40b =$ ____ $\cdot\,(a - 5b)$ **h)** $2a - 24ab =$ ____ $\cdot\,(1 - 12b)$

i) $3ab + 2abc =$ ____ $\cdot\,(3 + 2c)$ **j)** $18a^2 - 12bc =$ ____ $\cdot\,(3a^2 - 2bc)$

Faktoren zum Abstreichen:

2	4
5	6
8	10
a	b
$2a$	ab

5 Klammere jeweils den gemeinsamen Faktor (Variable) aus. **Starthilfe** $ab + 3a + ac = a\,(b + 3 + c)$

a) $bc + ab =$ ______ b) $xy - 4yz =$ ______

c) $ac + ab + abc =$ ______ d) $xy - 6y + yz =$ ______

e) $10a + 6ab - ac =$ ______ f) $15xy + yz + 5y =$ ______

6 Klammere jeweils den gemeinsamen Faktor (Zahl) aus. **Starthilfe** $2a + 4b + 10 = 2\,(a + 2b + 5)$

a) $5a + 5ab =$ ______ b) $2x - 8y =$ ______

c) $3a - 30b =$ ______ d) $4x + 8xy + 4z =$ ______

e) $10ab + 20 - 10c =$ ______ f) $100x + 50z + 150 =$ ______

7 Klammere jeweils den gemeinsamen Faktor (Variable und Zahl) aus. **Starthilfe** $2ab - 4bc = 2b\,(a - 2c)$

a) $3ab + 3ac =$ ______ b) $2xy - 2xz + 2ax =$ ______

c) $5ab - 10ac =$ ______ d) $10xy + 50yz + 30y =$ ______

e) $8b + 4ab - 40bc =$ ______ f) $200x^2 - 100xy - 300xz =$ ______

Anwenden und Vernetzen

8 Finde Paare gleichwertiger Terme. Markiere sie mit der gleichen Farbe.

$2x^2 + 2y + 12$	$(x + y + 6) \cdot 2y$
$2x(x + y + 2)$	$2x^2 + 2xy^2 + x$
$2x + 4y + 4$	$2\,(x^2 + y + 6)$
$2xy + 2y^2 + 12y$	$(2x^2 + 2xy + 4x)$
$(2x + 2y^2 + 1) \cdot x$	$(x + 2y + 2) \cdot 2$

9 Ein Möbelhaus bietet unterschiedlich große quadratische Esstische mit zwei ausziehbaren Tischplatten an.

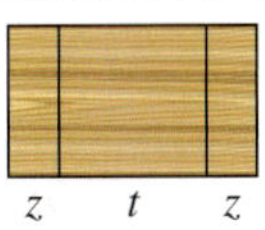

t ist die Länge der Tischplatte.

z ist die Länge der Zusatzplatte.

Starthilfe $A = a \cdot b$
$1\,\text{m} = 100\,\text{cm}$

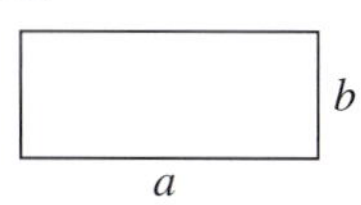

a) Stelle Terme zur Berechnung der Flächeninhalte der möglichen Tischflächen auf.

Keine Zusatzplatte ist ausgezogen. ______

Eine Zusatzplatte ist ausgezogen. ______

Beide Zusatzplatten sind ausgezogen. ______

b) Jede der beiden Zusatzplatten eines 1 m langen quadratischen Tisches ist 40 cm lang.
Kreuze an, um wie viel Prozent der Tisch durch die Zusatzplatten vergrößert wird.
Zusatzaufgabe: Überlege dir eine gut nachvollziehbare Begründung für deine Entscheidung.

☐ 200 % ☐ 180 % ☐ 160 % ☐ 140 % ☐ 120 % ☐ 100 % ☐ 80 % ☐ 60 % ☐ 40 %

Summen multiplizieren

▶ Grundwissen

Beim Multiplizieren zweier Summen wird jeder Summand der ersten Summe mit jedem Summanden der zweiten Summe multipliziert.

Beispiel: $(a+b)\cdot(c+d) = a\cdot c + a\cdot d + b\cdot c + b\cdot d$

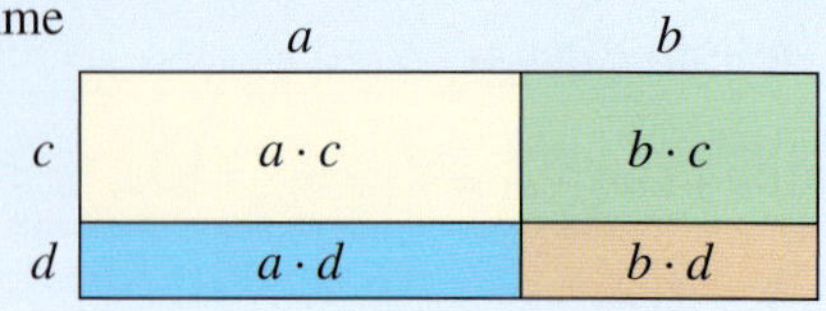

Trainieren

1 Flächeninhalte von Rechtecken

Starthilfe „Länge“ mal „Breite“

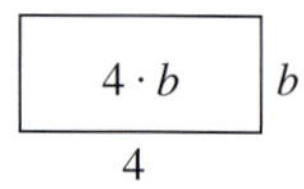

a) Schreibe zuerst die Produkte in die entsprechenden Rechtecke bzw. ergänze die Seitenlängen.

b) Gib danach je einen Term mit und ohne Klammern zur Berechnung des gesamten Flächeninhalts an.
Hinweis: Überprüfe deine Terme mithilfe der Flächen oder durch Multiplizieren der Summen.

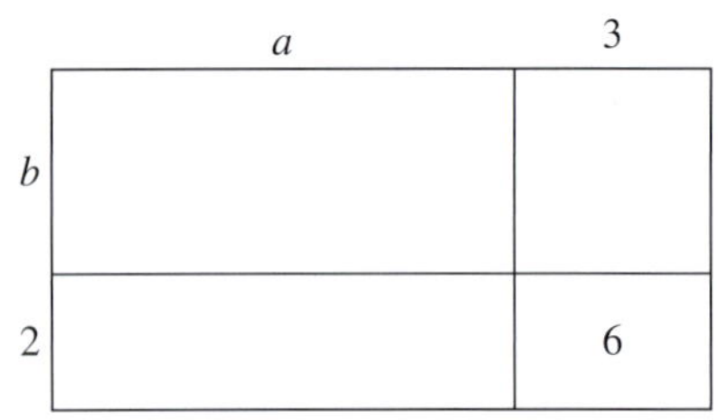

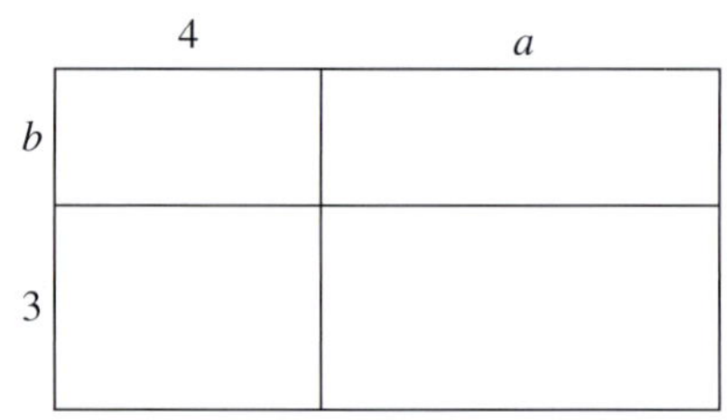

$(a+3)\cdot(b+2) =$ ____ + ____ + ____ $+ 6$

____

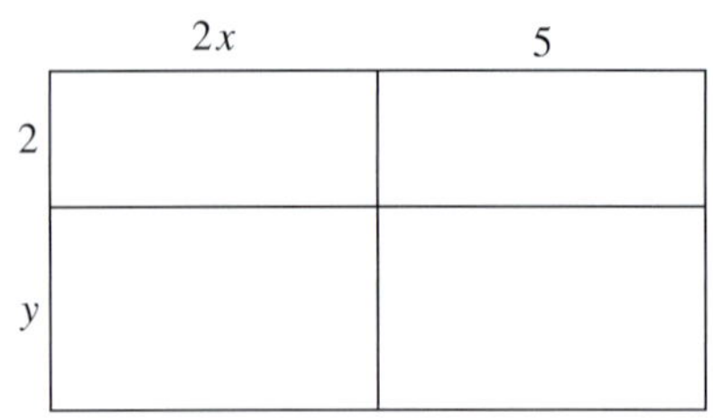

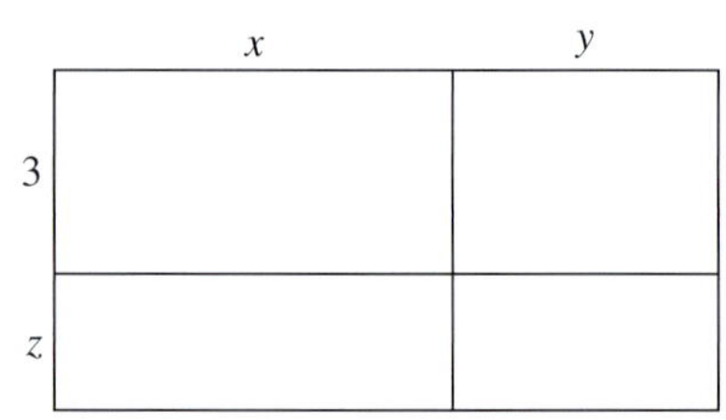

____

____

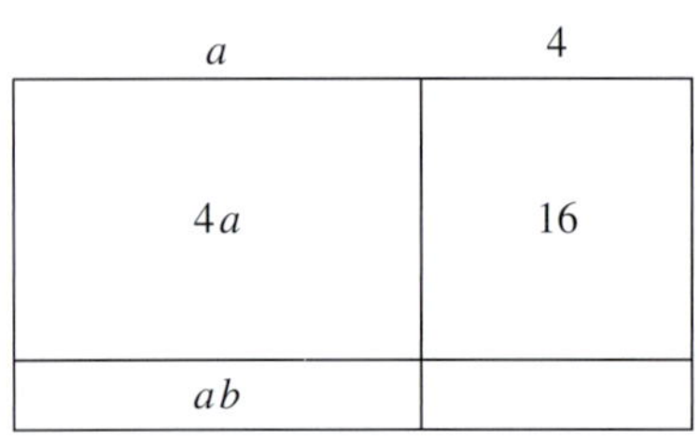

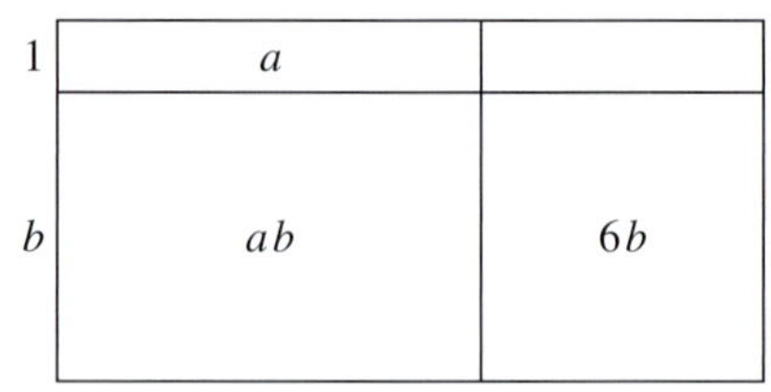

____

____

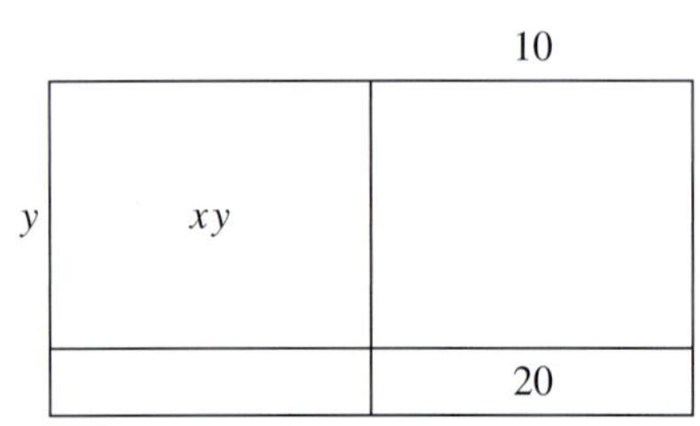

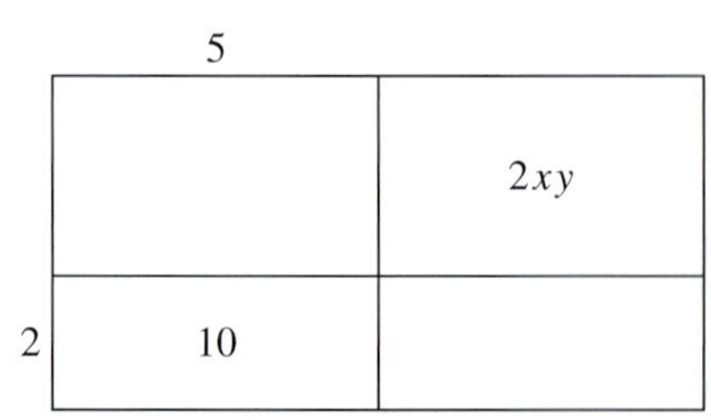

____

____

2 Multipliziere.

Starthilfe $(2+a)\cdot(7+b) = 14 + 2b + 7a + ab$

a) $(2+a)\cdot(7+b) =$ ______

b) $(a+25)\cdot(3+b) =$ ______

c) $(10+x)\cdot(5+y) =$ ______

d) $(2x+3)\cdot(9+y) =$ ______

e) $(4+u)\cdot(1+v) =$ ______

f) $(3+2u)\cdot(v+6) =$ ______

g) $(a+8)\cdot(5+a) =$ ______

h) $(4a+b)\cdot(a+11) =$ ______

3 Setze „+" und „–" so ein, dass alles stimmt.

Starthilfe bei gleichen Zeichen „+"
bei ungleichen Zeichen „–"

a) $(2+a)\cdot(4-b) = 8 \;\square\; 2b \;\square\; 4a \;\square\; ab$

b) $(5-a)\cdot(b+1) = 5b \;\square\; 5 \;\square\; ab \;\square\; a$

c) $(6-a)\cdot(3-b) = 18 \;\square\; 6b \;\square\; 3a \;\square\; ab$

d) $(7-2a)\cdot(11-b) = 77 \;\square\; 7b \;\square\; 22a \;\square\; 2ab$

e) $(1+a)\cdot(b-20) = b \;\square\; 20 \;\square\; ab \;\square\; 20a$

f) $(a-10)\cdot(b+8) = ab \;\square\; 8a \;\square\; 10b \;\square\; 80$

Rechenzeichen zum Abstreichen:

+	–	–
+	–	–
+	–	–
+	–	–
+	–	–
+	–	–

4 Ergänze.

Starthilfe zu **a)** $\square \cdot 7 = 28$

a) $(\square + b)\cdot(7-c) = 28 - 4c + 7b - bc$

b) $(a+8)\cdot(\square + \square) = 5a + ab + 40 + 8b$

c) $(\square + b)\cdot(6 - \square) = 12 - 2c + 6b - bc$

d) $(\square + \square)\cdot(1-d) = 10 - 10d + c - cd$

e) $(6 - \square)\cdot(y + \square) = 6y + 18 - xy - 3x$

f) $(50 - \square)\cdot(\square - m) = 100 - 50m - 2m + \square$

Ergebnisse zum Abstreichen:

2	2
3	4
5	10
b	c
c	m
m^2	x

Anwenden und Vernetzen

5 Ein rechteckiges Grundstück soll durch den Wegfall von zwei angrenzenden Wegen größer werden. Die Skizze veranschaulicht die Situation.
Gib je einen Term mit und ohne Klammern zur Berechnung der Fläche des größeren Grundstücks an.

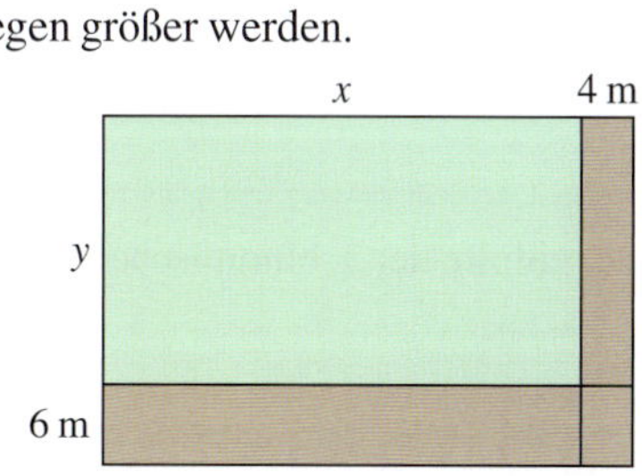

______

______

6 Der Flächeninhalt eines Rechtecks wird beschrieben durch
$ad + bd + 2cd + 3ae + 3be + 6ce$.

a) Unterteile und beschrifte das rechts abgebildete Rechteck entsprechend.

b) Gib einen Term mit Klammern zur Berechnung seines Flächeninhalts an.

______

Binomische Formeln

▶ Grundwissen

Die drei binomischen Formeln sind Sonderfälle der Multiplikation von Termen.

1. binomische Formel	2. binomische Formel	3. binomische Formel
$(a+b)^2 = a^2 + 2ab + b^2$	$(a-b)^2 = a^2 - 2ab + b^2$	$(a+b)\cdot(a-b) = a^2 - b^2$

Beispiele:

$(7+c)^2 = 49 + 14c + c^2$	$(7-e)^2 = 49 - 14e + e^2$	$(7+g)\cdot(7-g) = 49 - g^2$
$(2d+1)^2 = 4d^2 + 4d + 1$	$(3f-2)^2 = 9f^2 - 12f + 4$	$(3h+9)\cdot(3h-9) = 9h^2 - 81$

Trainieren

1 Ergänze mithilfe der 1. binomischen Formel.

Starthilfe $(a+b)^2 = a^2 + 2ab + b^2$
zu **a)** $(3+h)^2 = 9 + 6h + h^2$

a) $(3+h)^2 = 9 + 6h + h^2$
b) $(r+2)^2 =$ ______
c) $(3s+5)^2 = 9s^2 + 2\cdot 3s\cdot 5 +$ ___ $=$ ______
d) $(3+2t)^2 =$ ______
e) $(4+p)\cdot(4+p) =$ ______
f) $(5+c)\cdot(5+c) =$ ______
g) $(4+3x)\cdot(4+3x) =$ ______
h) $(5x+y)^2 =$ ______
i) $(7s+1)^2 =$ ______
j) $(9a+2)\cdot(2+9a) =$ ______

2 Ergänze mithilfe der 2. binomischen Formel.

Starthilfe $(a-b)^2 = a^2 - 2ab + b^2$
zu **a)** $(4-h)^2 = 16 - 8h + h^2$

a) $(4-h)^2 = 16 - 8h + h^2$
b) $(c-3)^2 =$ ______
c) $(10-d)^2 =$ ______
d) $(e-7)^2 =$ ______
e) $(3-4m)^2 =$ ______
f) $(10n-5)^2 =$ ______
g) $(2x-6)\cdot(2x-6) =$ ______
h) $(3x-2y)\cdot(3x-2y) =$ ______
i) $(10y-3)\cdot(10y-3) =$ ______
j) $(-3+z)\cdot(z-3) =$ ______

3 Ergänze mithilfe der 3. binomischen Formel.

Starthilfe $(a+b)\cdot(a-b) = a^2 - b^2$
zu **a)** $(5+c)\cdot(5-c) = 25 - c^2$

a) $(5-c)\cdot(5+c) = 25 - c^2$
b) $(9+d)\cdot(9-d) =$ ______
c) $(r+6)\cdot(r-6) =$ ______
d) $(s-10)\cdot(s+10) =$ ______
e) $(4t+5)\cdot(4t-5) =$ ______
f) $(x-7y)\cdot(x+7y) =$ ______
g) $(2x+9y)\cdot(2x-9y) =$ ______
h) $(10x-11y)\cdot(10x+11y) =$ ______
i) $(-3b-a)\cdot(-3b+a) =$ ______
j) $(6-a)\cdot(a+6) =$ ______

4 Kreuze zuerst die Nummer der geeigneten binomischen Formel an.
Forme danach mithilfe dieser Formel um.

Starthilfe $(\square + \square)^2 = \ldots$ 1. binomische Formel
$(\square - \square)^2 = \ldots$ 2. binomische Formel
$(\square + \square) \cdot (\square - \square) = \ldots$ 3. binomische Formel

a) $(5 - 4x)^2 =$ ______ ☐ 1 ☐ 2 ☐ 3

b) $(5y - 1) \cdot (5y + 1) =$ ______ ☐ 1 ☐ 2 ☐ 3

c) $(7 + 2x) \cdot (7 + 2x) =$ ______ ☐ 1 ☐ 2 ☐ 3

d) $(3y - 9) \cdot (3y - 9) =$ ______ ☐ 1 ☐ 2 ☐ 3

e) $(12x - 8y) \cdot (12x + 8y) =$ ______ ☐ 1 ☐ 2 ☐ 3

f) $(2x + 6y)^2 =$ ______ ☐ 1 ☐ 2 ☐ 3

5 Wähle die passende Ergänzung aus.

Starthilfe Nur ein Term passt jeweils.

a) $x^2 - 6x + 9 = (x - \square)^2$ | 2 | 3 | 6

b) $y^2 + 10y + 25 = (y + \square)^2$ | 2 | 5 | 10

c) $c^2 - \square c + 64 = (c - 8)^2$ | 4 | 8 | 16

d) $d^2 - 81 = (d + \square) \cdot (d - \square)$ | 3 | 6 | 9

e) $x^2 + \square x + 49 = (x + 7)^2$ | 7 | 2 | 14

f) $1 - y^2 = (\square - y) \cdot (\square + y)$ | y | 1 | -1

g) $9s^2 - 12s + 4 = (\square - 2)^2$ | $3s$ | 3 | s

h) $25t^2 + \square + 1 = (5t + 1)^2$ | $5t$ | $20t$ | $10t$

i) $x^2 - 8xy + 16y^2 = (x - \square)^2$ | $4y$ | $-4y$ | 4

j) $4s^2 - 36 = (2s - \square) \cdot (2s + \square)$ | -6 | $+6$ | $\frac{1}{6}$

Anwenden und Vernetzen

6 Berechne mithilfe der binomischen Formeln im Kopf.

Starthilfe $101 \cdot 99 = (100 + 1) \cdot (100 - 1) = 9999$

a) $102 \cdot 98 =$ ______

b) $51 \cdot 49 =$ ______

c) $102^2 =$ ______

d) $31^2 =$ ______

e) $29^2 =$ ______

f) $99^2 =$ ______

7 Ein rechteckiges Stück Auslegware ist 2,90 m lang und 3,10 m breit.
Im Ausverkauf kostet jeder Quadratmeter Auslegware 5 €.
Reichen dafür 50 €? Wie viel fehlt? Wie viel bleibt übrig?
Hinweis: Ein Taschenrechner wird zum Lösen dieser Aufgabe nicht benötigt.

______

______

______

Proportionale Zuordnungen

▶ Grundwissen

Eine Zuordnung der Form $y = mx$ heißt proportionale Zuordnung.
Ihr Graph ist eine Gerade, die durch den Punkt $P(0|0)$ verläuft.

Beispiel:

Anzahl der Brötchen (x)	0	1	4	12
Preis in € (y)	0	0,30	1,20	3,60

Funktionsgleichung: $y = 0{,}3x = \frac{3}{10}x$

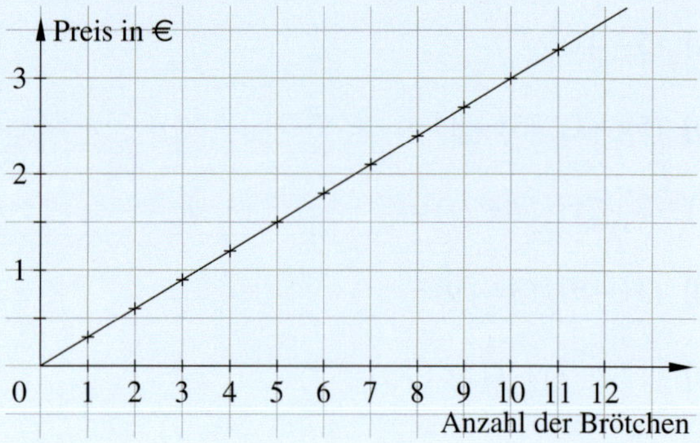

Trainieren

1 Proportionale Zuordnungen im Alltag

Starthilfe $A(1|3)$ $x\uparrow$ $y\uparrow$

a) Ergänze die Funktionsgleichungen und die Wertetabellen.

① In jeder Packung sind zwei Muffins. $y =$ ___ x

Packungen (x)	0	1	2	6
Muffins insgesamt (y)	0	2		

② Jedes der Taxis nimmt vier Fahrgäste mit. $y =$ ___ x

Taxis (x)	0	1	2	3
Fahrgäste insgesamt (y)		4		

③ Ein Bäcker verkauft alles zum halben Preis. $y =$ ___ x

alter Preis in € (x)	2	4	8	14
neuer Preis in € (y)				

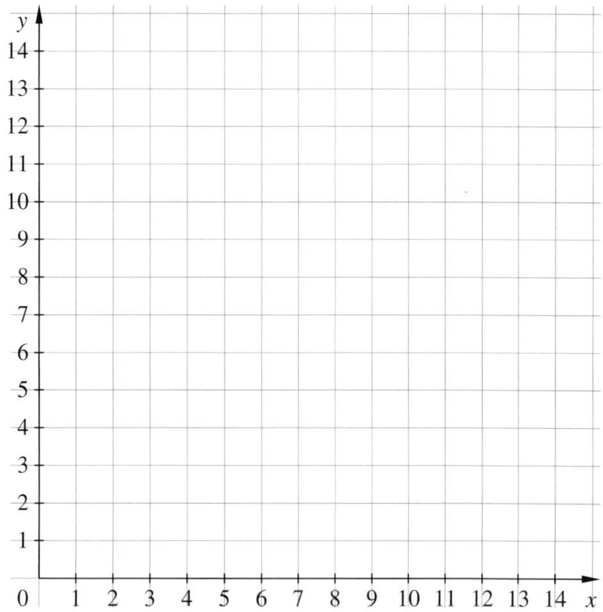

b) Trage die Punkte zu jeder Zuordnung ins Koordinatensystem ein. Zeichne dadurch jeweils eine Gerade.

c) Prüfe, ob bei Teilaufgabe **a** folgende Eigenschaften proportionaler Zuordnungen vorliegen. Kreuze an.

Die Punkte jeder Zuordnung liegen auf einer Geraden.	☐ ja	☐ nein
Der Punkt $P(0|0)$ liegt auf der Geraden.	☐ ja	☐ nein
Die Zuordnung ist eindeutig, d. h., keinem x-Wert ist mehr als ein y-Wert zugeordnet.	☐ ja	☐ nein
Wird ein x-Wert verdoppelt oder verdreifacht, so geschieht dies auch mit dem y-Wert.	☐ ja	☐ nein

2 Kreuze die proportionalen Zuordnungen an.

Starthilfe Gerade? Durch den Punkt $P(0|0)$?

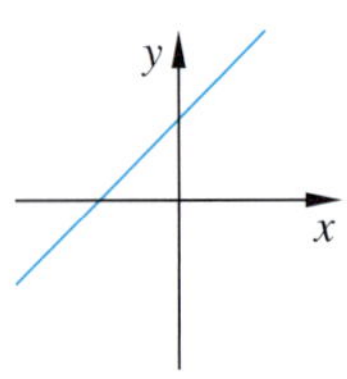

☐ proportionale Zuordnung

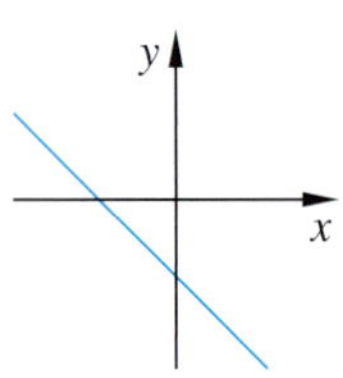

☐ proportionale Zuordnung

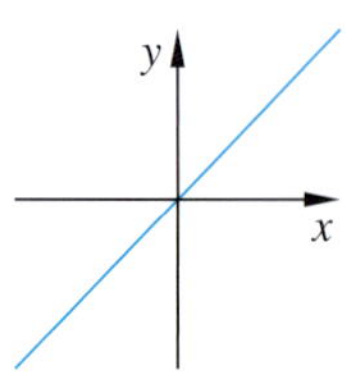

☐ proportionale Zuordnung

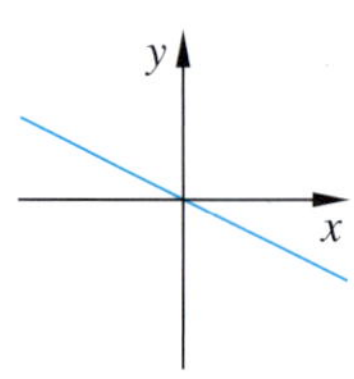

☐ proportionale Zuordnung

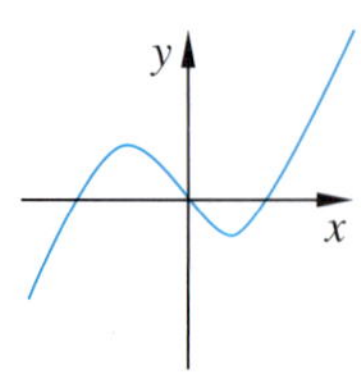

☐ proportionale Zuordnung

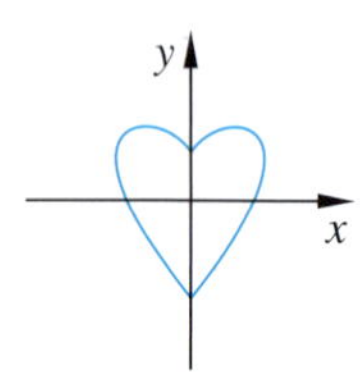

☐ proportionale Zuordnung

3 Funktionsgleichung, Wertetabelle und Graph

Starthilfe zu **a)** $y = 3x$
$y = 3 \cdot (-2) = -6$

a) Ergänze die Wertetabellen.

① Funktionsgleichung: $y = 3x$

x	−2	−1	1	2
y	−6			

② Funktionsgleichung: $y = 5x$

x	−1	0	1	1,5
y				

③ Funktionsgleichung: $y = 1{,}5x$

x	−2	0	2	4
y				

④ Funktionsgleichung: $y = -1{,}5x$

x	−2	0		
y			−3	−6

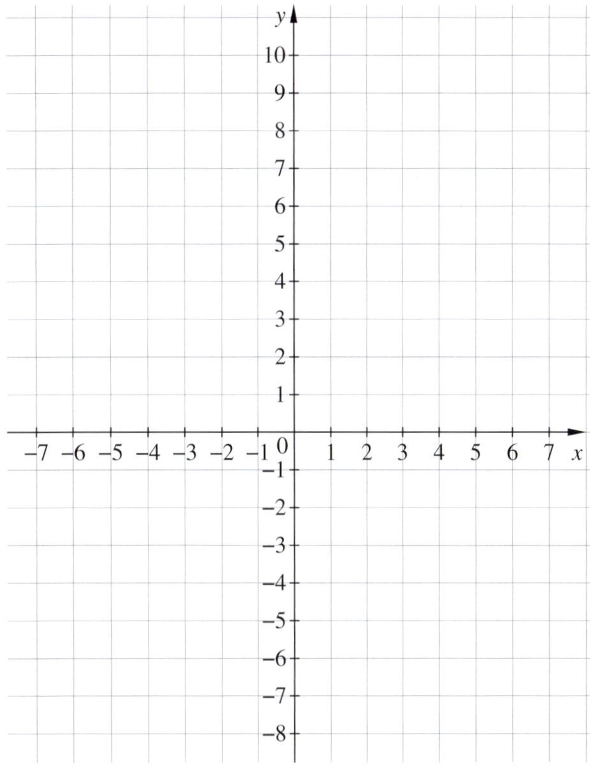

b) Trage zuerst je zwei Punkte im Koordinatensystem ein und zeichne dadurch eine Gerade.
Prüfe jeweils, ob die anderen beiden Punkte auf dem Graphen liegen.

c) Zeichne durch den Punkt $P(4|-2)$ den Graphen einer proportionalen Zuordnung ein.
Kreuze beide passenden Funktionsgleichungen an.
Hinweis: Setze den x-Wert des Punktes ein und ermittle damit den zugehörigen y-Wert.

☐ $y = mx$ ☐ $y = x$ ☐ $y = 4x$ ☐ $y = -2x$ ☐ $y = -0{,}5x$ ☐ $y = \frac{1}{2}x$

Anwenden und Vernetzen

4 Familie Mehlz hat sich drei Tapeten ausgesucht.

a) Ergänze die Preise.

	1 Rolle	5 Rollen	10 Rollen
Raufaser	9,00 €		
Struktur	13,50 €		
Vlies	15,00 €		

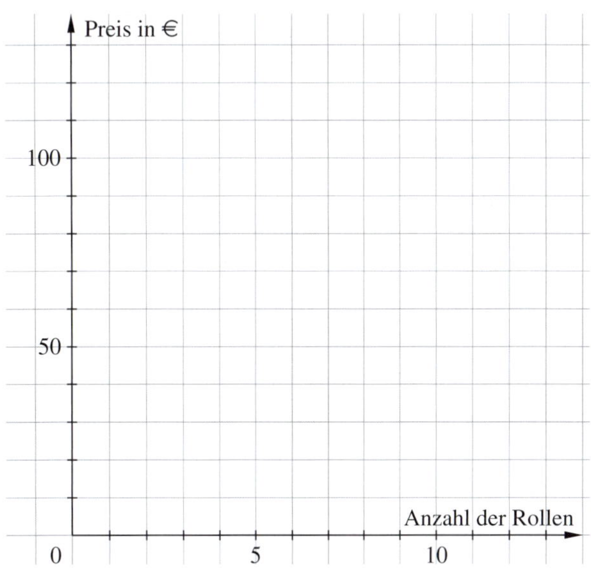

b) Zeichne die zugehörigen Graphen und gib die entsprechenden Funktionsgleichungen an.

c) Wie viele Rollen können für je 100,00 € gekauft werden? Raufaser: ______ Struktur: ______ Vlies: ______

Lineare Funktionen

▶ Grundwissen

Eine Zuordnung der Form $y = mx + n$ heißt lineare Funktion.

Beispiel: Für eine Ferienwohnung sind pro Tag 75 € und einmalig 50 € Reinigungsgebühr zu zahlen.

Anzahl der Tage	2	4	6	8
Gesamtpreis in €	200	350	500	650

Funktionsgleichung: $y = 75x + 50$

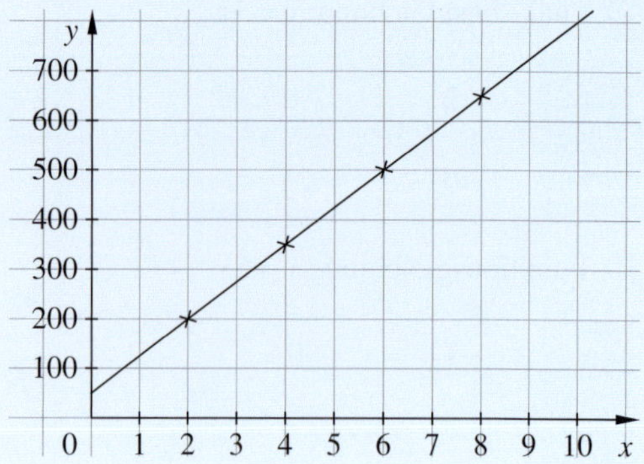

Trainieren

1 Lineare Funktionen im Alltag

Starthilfe $A(1 \mid 3)$ $x\uparrow$ $y\uparrow$

a) Ergänze die Wertetabellen.

① In jeder Packung sind zwei Muffins.
Dazu bekommt jeder Käufer einen Muffin geschenkt.

Packungen (x)	0	1	2	6
Muffins insgesamt (y)	1	3		

② Drei Karten sind vom letzten Jahr übrig und somit fertig. Jeden Tag kommt eine fertige Karte hinzu.

Tage (x)	3	4	5	10
Karten insgesamt (y)	6			

③ Für den Eintritt sind 7 € zu zahlen.
Jedes Getränk kostet 1 €.

Getränke (x)	0	1	5	
Gesamtpreis in € (y)		8		14

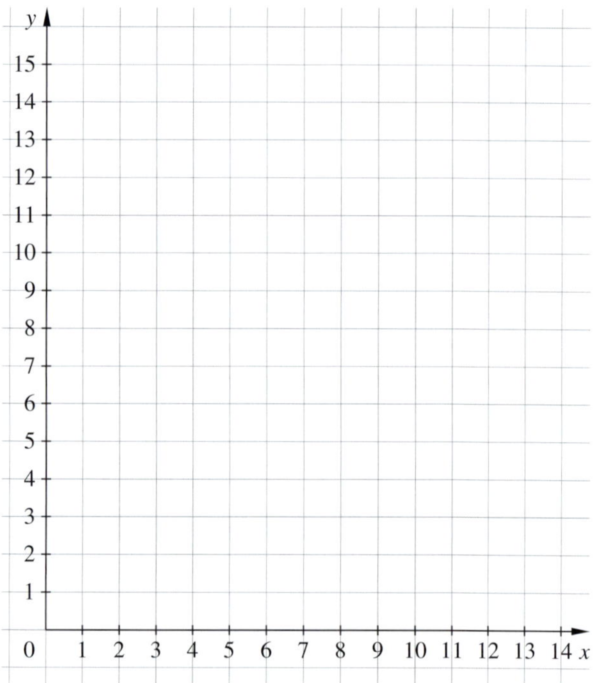

b) Trage die Punkte zu jeder Zuordnung ins Koordinatensystem ein. Zeichne dadurch jeweils eine Gerade.

c) Ordne jeder Wertetabelle bzw. jedem Graphen eine Funktionsgleichung zu. Trage die entsprechende Nummer ein.

○ $y = 2x + 1$ ○ $y = x + 3$ ○ $y = -2x + 2$ ○ $y = 2x - 2$ ○ $y = x - 3$ ○ $y = x + 7$

2 Kreuze die linearen Funktionen an.

Starthilfe Gerade?
Zu keinem x-Wert mehr als ein y-Wert?

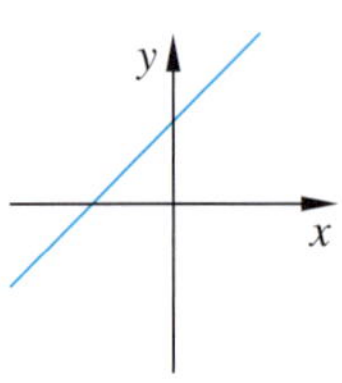

☐ lineare Funktion

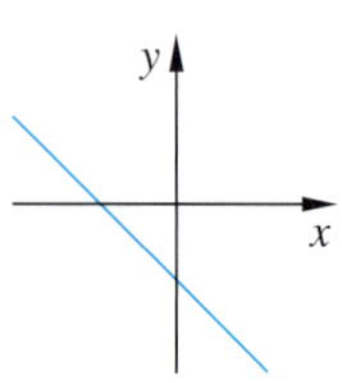

☐ lineare Funktion

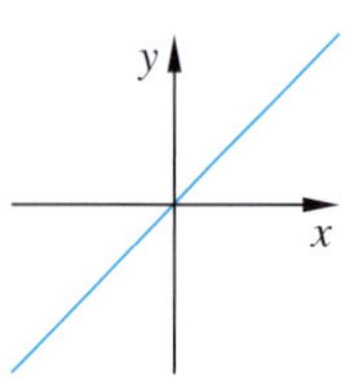

☐ lineare Funktion

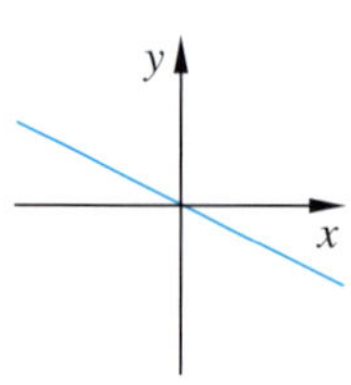

☐ lineare Funktion

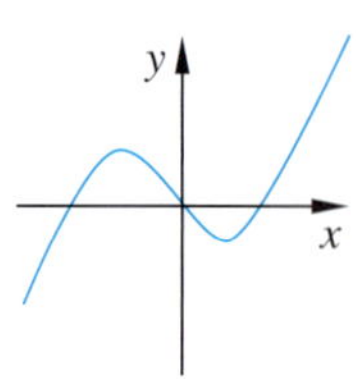

☐ lineare Funktion

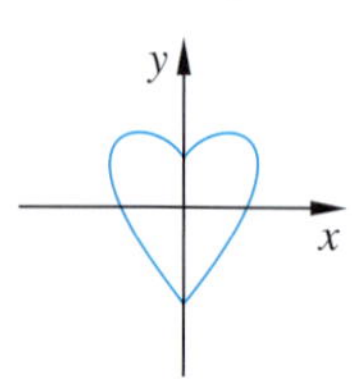

☐ lineare Funktion

3 Funktionsgleichung, Wertetabelle und Graph

a) Ergänze die Wertetabellen.

① Funktionsgleichung: $y = 3x + 1$

x	−1	0	1	2
y	−2			

② Funktionsgleichung: $y = 5x - 1$

x	−1	0	1	2
y				

③ Funktionsgleichung: $y = 0{,}5x + 2$

x	−2	0	4	8
y				

④ Funktionsgleichung: $y = -2x - 3$

x	−4	0		
y			−5	−7

Starthilfe zu **a)** $y = 3x + 1$
$y = 3 \cdot (-1) + 1 = -3 + 1 = -2$

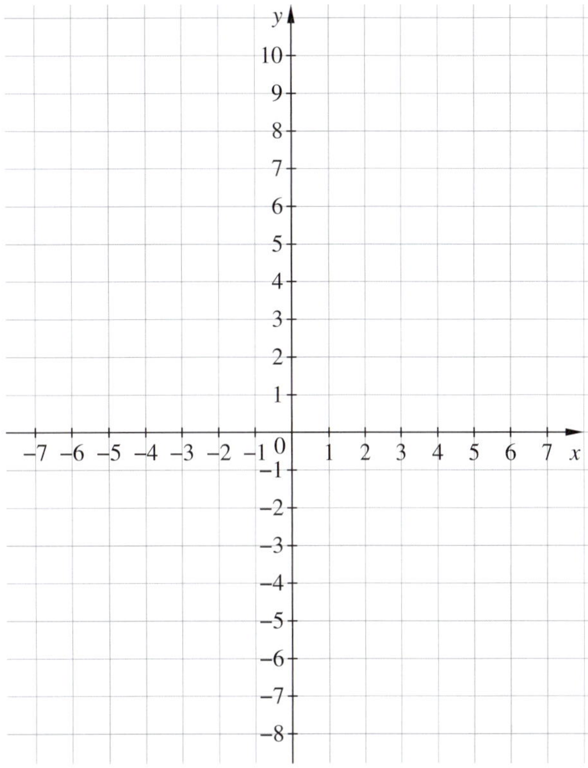

b) Trage zuerst je zwei Punkte im Koordinatensystem ein und zeichne dadurch eine Gerade.
Prüfe jeweils, ob die anderen beiden Punkte auf dem Graphen liegen.

c) Zeichne den Graphen einer linearen Funktion durch die Punkte $P(0|4)$ und $Q(6|0)$ ein.
Kreuze beide passenden Funktionsgleichungen an.
Hinweis: Setze den x-Wert des Punktes ein und ermittle damit den zugehörigen y-Wert.

☐ $y = mx$ ☐ $y = mx + n$ ☐ $y = n$ ☐ $y = \frac{2}{3}x + 4$ ☐ $y = -\frac{2}{3}x - 4$ ☐ $y = -\frac{2}{3}x + 4$

Anwenden und Vernetzen

4 In ein neues quaderförmiges Schwimmbecken wird erstmalig Wasser eingelassen.
Man ist sich nicht sicher, ob der Boden undicht ist und Wasser im sandigen Untergrund versickert.
Wenn das Becken dicht ist, steigt das Wasser um 0,2 m je Stunde.

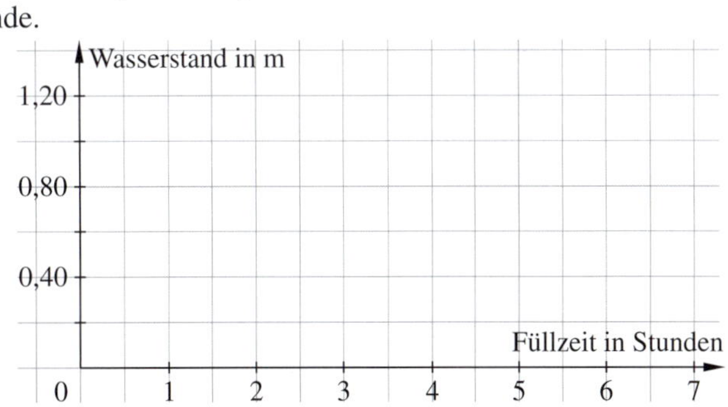

a) Stell dir vor: Das Becken ist leer, dicht und wird vollständig gefüllt.
Zeichne einen entsprechenden Graphen und gib die zugehörige Funktionsgleichung am Graphen an.
Hinweis: Rechne wenn nötig auf einem zusätzlichen Blatt.

b) Stell dir vor: Das Becken ist bis zu 0,6 m voll, dicht und wird gefüllt.
Zeichne einen entsprechenden Graphen und gib die zugehörige Funktionsgleichung am Graphen an.
Hinweis: Rechne wenn nötig auf einem zusätzlichen Blatt.

c) Stell dir vor: Das Becken ist leer, undicht und wird gefüllt. Skizziere einen derartigen Graphen.

Kapitel **Vielecke und Kreise**

1 Gib zuerst die Formel zur Berechnung des Flächeninhalts der Figur an.
Berechne danach den Flächeninhalt. Entnimm die dazu benötigten Längen den Zeichnungen.

a)

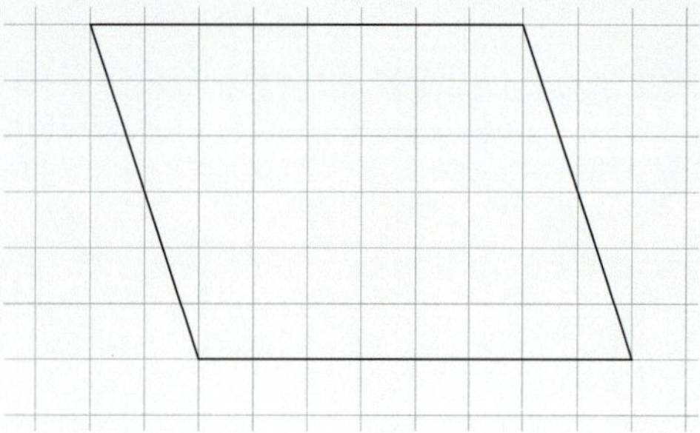

$A =$ ____________________

b)

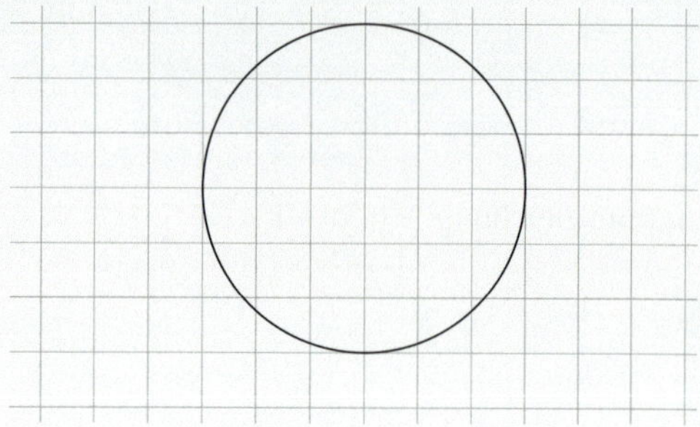

$A =$ ____________________

c)

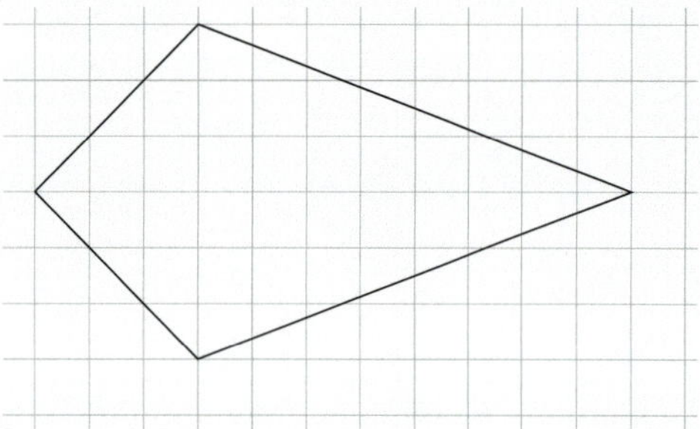

$A =$ ____________________

d)

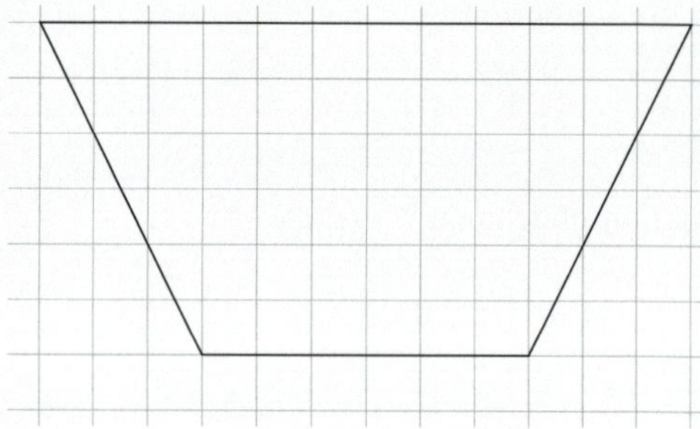

$A =$ ____________________

2 Ergänze die Figuren.

a) $5\,cm^2$ großes Dreieck

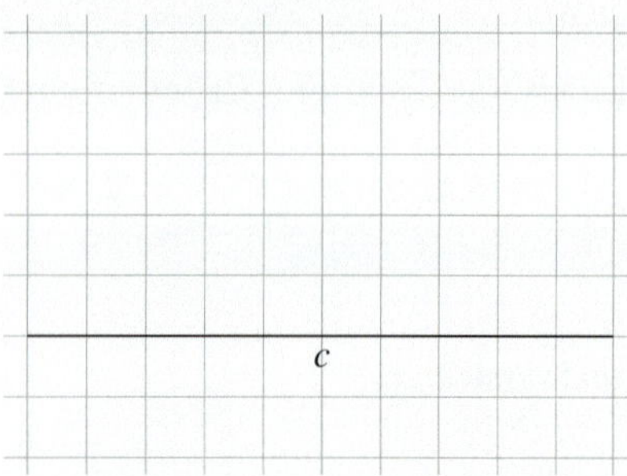

b) $3{,}14\,cm^2$ großer Kreis

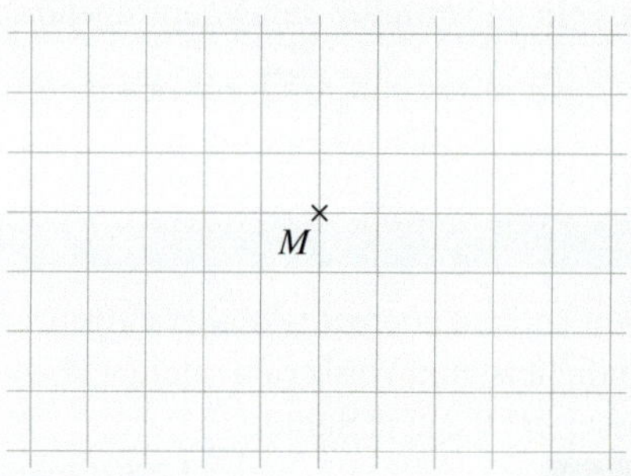

c) $4\,cm^2$ großes Parallelogramm

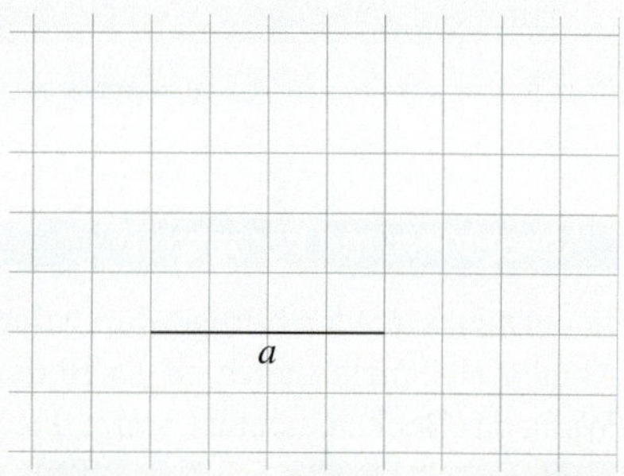

3 An eine Hauswand soll die rechts abgebildete große „1" mit Farbe gemalt werden.
Damit sie auch nachts sichtbar ist, wird ringsherum ein Lichtschlauch angebracht.

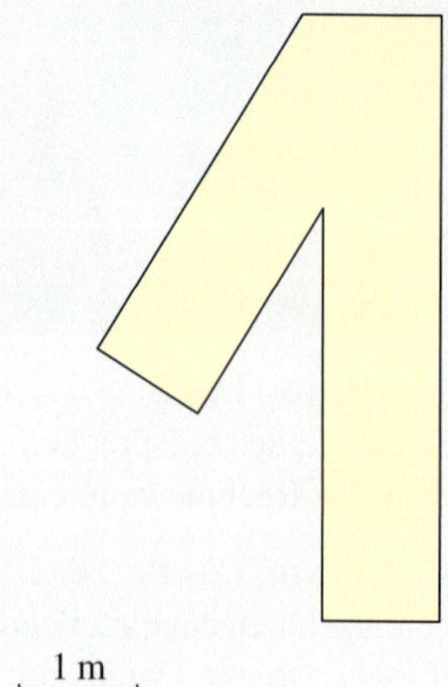

a) Für wie viele volle Quadratmeter ist Farbe zu kaufen?

____

____

____

b) Wie viel volle Meter Lichtschlauch sollten gekauft werden?

____

____

Kapitel Lineare Gleichungen

1 Kreuze jeweils die Lösung an.

a) $x + 6 = 10$ ☐ 1 ☐ 2 ☐ 3 ☐ 4 ☐ 5

b) $9x = 45$ ☐ 1 ☐ 2 ☐ 3 ☐ 4 ☐ 5

c) $5x - 1 = 14$ ☐ 0 ☐ 1 ☐ 2 ☐ 3 ☐ 4

2 Wie viele ◯ sind so schwer wie ein ☒?
Ergänze die Gleichungen bzw. die Zeichnungen.

a)

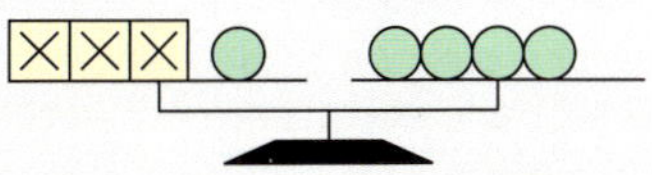

______ | ___

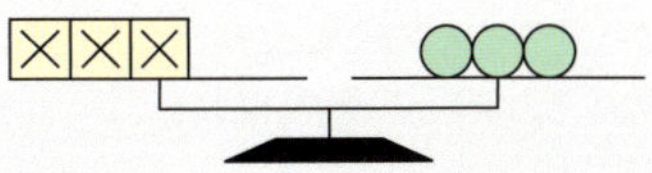

______ | ___

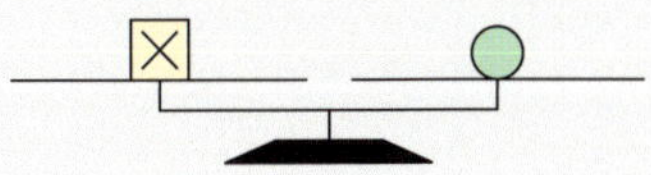

______

b)

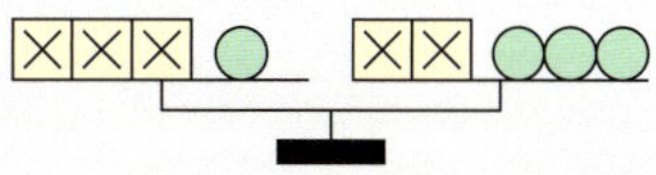

______ | ___

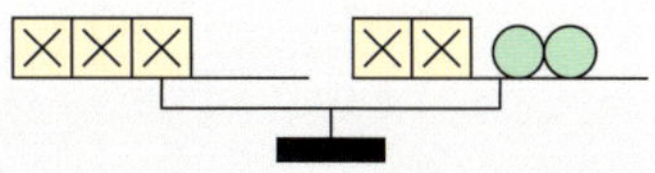

______ | ___

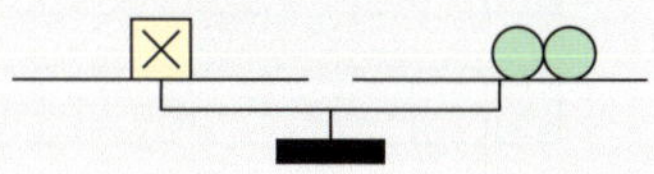

______

c)

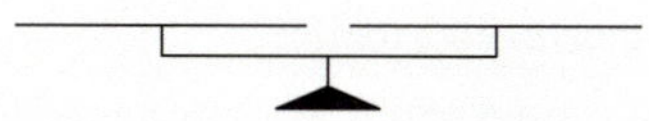

$2x + 2 = 4$ | ___

______ | ___

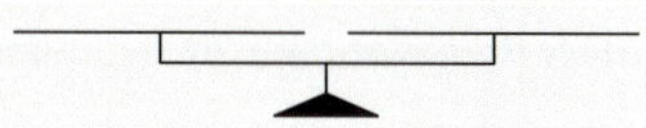

______

3 Löse die Gleichungen.

a) $x - 8 = 14$ | ___

b) $2x + 5 = 19$ | ___ | ___

c) $5x - 2 = 2x + 10$ | ___ | ___ | ___

4 Folgende Gleichungen wurden falsch gelöst.
Unterstreiche zuerst die Fehler. Löse danach richtig.

a)

$2x - 10 = 2 \quad | +10$

$2x = 12 \quad | : 2$

$x = 10$

b)

$5x = x + 40 \quad | + x$

$5x = 40 \quad | : 5$

$x = 8$

5 Herr Knut kauft 6 Kinokarten.
Er zahlt mit einem 50-Euro-Schein und bekommt 14 Euro zurück.

a) Kreuze die passende Gleichung an.
☐ $14 - 6x = 50$ ☐ $6x + 14 = 50$ ☐ $14x + 6 = 50$

b) Berechne, wie viel eine Kinokarte kostet.

______

Kapitel Prozent- und Zinsrechnung

1 Färbe den jeweils gegebenen Prozentsatz der Fläche ein.

75 %

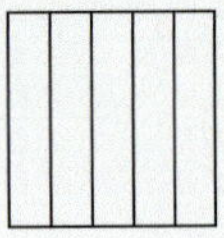
80 %

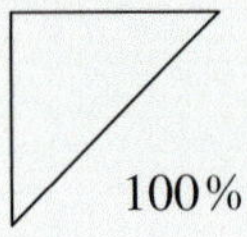
100 %

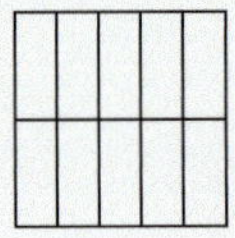
10 %

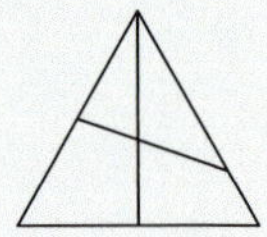
50 %

2 Vergleiche.

a) 5 % □ 5 **b)** 20 % □ 0,1 **c)** 0,3 □ 30 % **d)** $\frac{1}{100}$ □ 1 %

3 Ergänze die Tabelle.

Prozentsatz *p* %	10 %	20 %			1 %	5 %	90 %
Grundwert *G*	500 €	800 €	240 €	400 €			10 000 €
Prozentwert *W*			120 €	100 €	95 €	105 €	

4 Die Länge des dickeren schwarzen Rahmens stellt jeweils den ehemaligen Preis dar.
Ergänze jeweils den Prozentsatz und veranschauliche den neuen Preis in der Zeichnung.

a) Der Preis wird um 50 % erhöht – auf ____

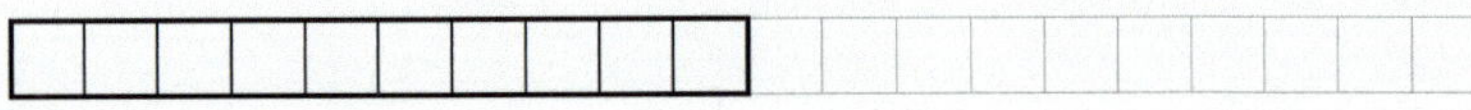

b) Der Preis wird um 20 % reduziert – auf ____

5 Berechne jeweils die Zinsen für die angegebene Anlagedauer.

Kapital	1 000,00 €	1 000,00 €	1 000,00 €	1 000,00 €	1 000,00 €	1 000,00 €
Zinssatz p. a.	3 %	12 %	6 %	8 %	3 %	12 %
Zinsen für ein Jahr						
Anlagedauer	$\frac{1}{2}$ Jahr	1 Monat	4 Monate	90 Tage	60 Tage	15 Tage
Zinsen für die Anlagedauer						

6 Löse die Aufgaben zur Zinsrechnung.
Hinweis: Rechne wenn nötig auf einem zusätzlichen Blatt.

a) Frau Martens leiht sich für ein Jahr 500 €. Sie zahlt dafür 50 € Jahreszinsen. Ermittle den Zinssatz.

______

b) Herr Erdem erhielt bei einem Zinssatz von 3 % p. a. nach einem Jahr 69 € Zinsen. Ermittle das Anfangskapital.

______

c) Frau Alvarez legt 2 000 € zu einem Zinssatz von 2 % p. a. für $1\frac{1}{2}$ Jahre an. Die Zinsen werden mitverzinst.
Berechne die insgesamt anfallenden Zinsen.

______

______

Kapitel **Prismen und Zylinder**

1 Kreuze jeweils die Form an.

☐ Prisma ☐ Zylinder

☐ Prisma ☐ Zylinder

☐ Prisma ☐ Zylinder

☐ Prisma ☐ Zylinder

2 Entnimm die benötigten Maße dem Netz des Prismas. Es wurde im Maßstab 1 : 1 gezeichnet.

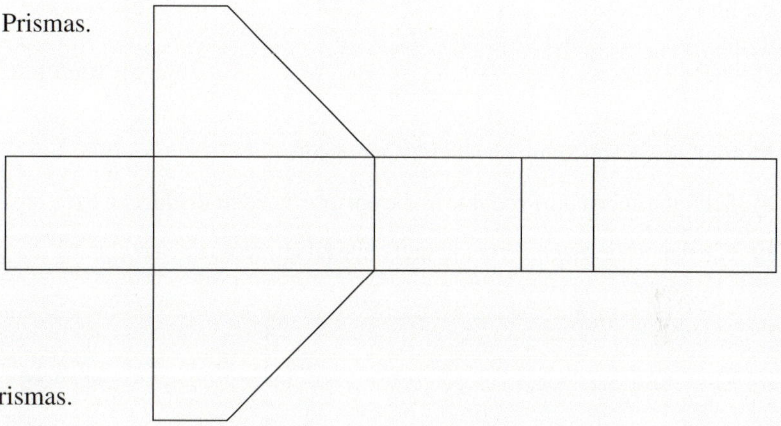

a) Markiere die Seitenflächen, die Körperhöhe sowie die Grund- und die Deckfläche. Lege dazu Farben fest.

☐ Seitenflächen

☐ Grund- und Deckfläche

☐ Körperhöhe

b) Berechne die Größe der Oberfläche des Prismas.

c) Berechne das Volumen des Prismas.

3 Entnimm die benötigten Maße dem Schrägbild des Zylinders. Es wurde im Maßstab 1 : 1 gezeichnet.

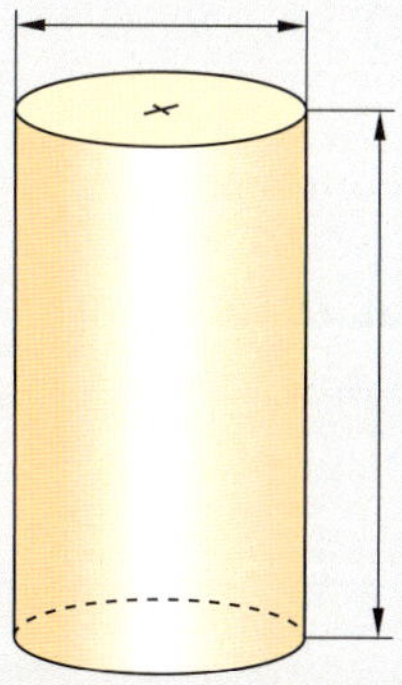

a) Berechne die Größe der Oberfläche des Zylinders. Runde auf die zweite Stelle nach dem Komma.

b) Berechne das Volumen des Zylinders. Runde auf die zweite Stelle nach dem Komma.

4 Nenne je zwei Beispiele für Prismen und Zylinder im Alltag.

Prisma:

Zylinder:

Kapitel Rechnen mit Klammern

1 Löse die Klammern auf.

a) $3(x+10)=$ b) $5(x+3y-7)=$

c) $(4x-8y+1)\cdot 4=$ d) $(2a+9b+3)\cdot 2a=$

2 Setze „=“ bzw. „≠“ ein. Unterstreiche gegebenenfalls rechts vom „≠“ den Fehler.

a) $4(a+5)$ □ $4a+20$ b) $7a-7b$ □ $7(a+b)$ c) $8a-16b$ □ $8(a-2b)$ d) $9x+90$ □ $9(x+90)$

3 Klammere jeweils den gemeinsamen Faktor aus.

a) $2b+2c=$ b) $xy-xz=$

c) $3xy-3xz=$ d) $10ab+30bc+50b=$

4 Multiplizieren von Summen und Flächeninhalte

a) Schreibe zuerst die Produkte in die entsprechenden Rechtecke bzw. ergänze die Seitenlängen.

b) Gib danach je einen Term mit und ohne Klammern zur Berechnung des gesamten Flächeninhalts an.

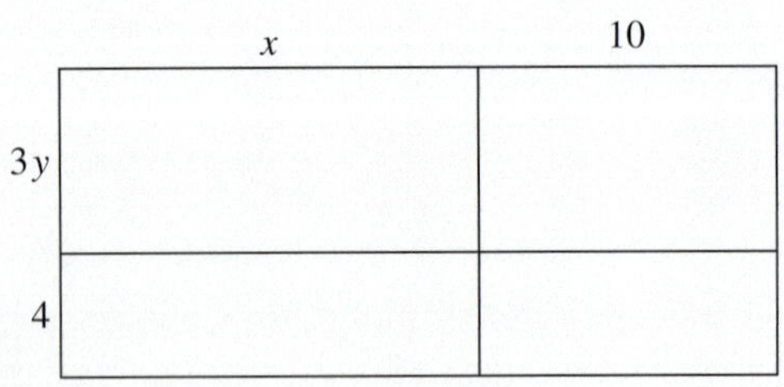

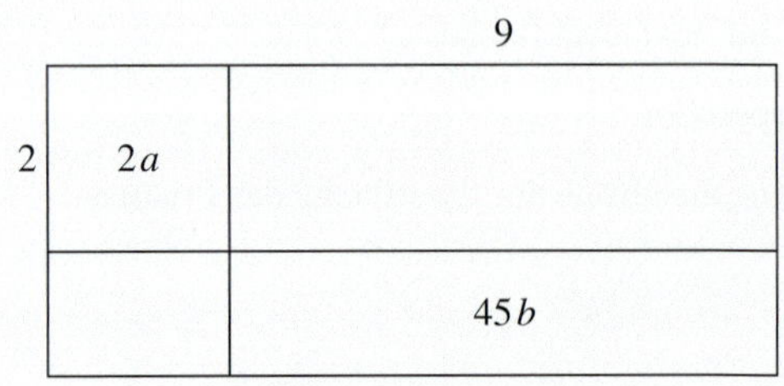

5 Multipliziere.

a) $(4+a)\cdot(8+b)=$ b) $(90x+y)\cdot(x+1)=$

c) $(10+u)\cdot(2-v)=$ d) $(u-13)\cdot(v-3)=$

6 Forme mithilfe der jeweils passenden binomischen Formel um.

a) $(6+p)^2=$ b) $(r+9)\cdot(r-9)=$

c) $(5-4s)^2=$ d) $(10x+2y)^2=$

e) $(x-3y)\cdot(x+3y)=$ f) $(8x-1)\cdot(8x-1)=$

7 Bei einem Unwetter gingen mehrere 55 cm mal 45 cm große Glasscheiben kaputt.
Der Preis für die neuen Scheiben ist abhängig von deren Größe.
Berechne ohne Taschenrechner die Größe einer der Glasscheiben.
Hinweis: Runde das Ergebnis sinnvoll und wähle eine praxistaugliche Einheit.

Kapitel Zuordnungen und Funktionen

1 Kreuze Zutreffendes an.

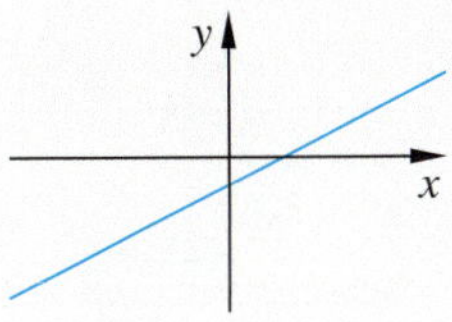

☐ proportionale Zuordnung
☐ lineare Zuordnung

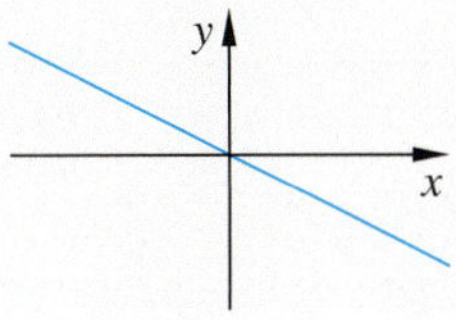

☐ proportionale Zuordnung
☐ lineare Zuordnung

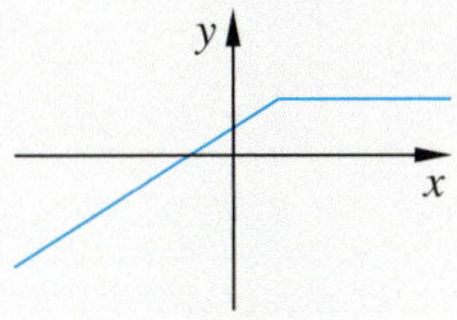

☐ proportionale Zuordnung
☐ lineare Zuordnung

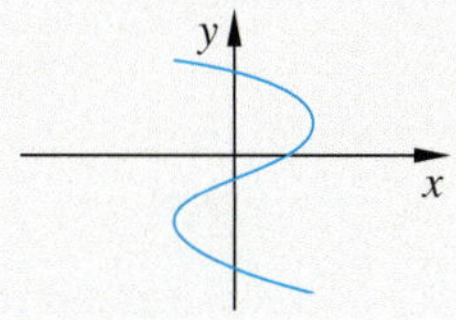

☐ proportionale Zuordnung
☐ lineare Zuordnung

2 Funktionsgleichung, Wertetabelle und Graph

a) Ergänze die Wertetabellen und zeichne die Graphen.

① Funktionsgleichung: $y = 4x + 1$

x	−1	0	1	1,5
y				

② Funktionsgleichung: $y = 1{,}2x$

x	−2,5	0	2,5	5
y				

③ Funktionsgleichung: $y = 1{,}2x - 3$

x	−2,5	0	2,5	5
y				

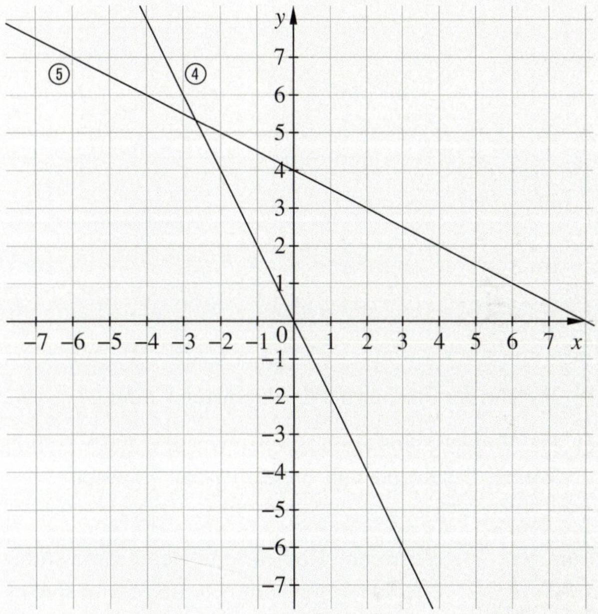

b) Kreuze die passenden Funktionsgleichungen an.

Graph ④ ☐ $4x$ ☐ $-2x$ ☐ $\frac{1}{2}x$ ☐ $-\frac{1}{2}x$

Graph ⑤ ☐ $\frac{1}{2}x + 4$ ☐ $-\frac{1}{2}x + 4$ ☐ $\frac{1}{2}x - 4$ ☐ $-\frac{1}{2}x - 4$

c) Ergänze eine Zahl in der Funktionsgleichung, sodass der Punkt $P(5|1)$ auf dem zugehörigen Graphen liegt. $y =$ ______ x

3 Der Graph beschreibt den Tagesmietpreis für ein Auto in Abhängigkeit von der Fahrstrecke. Ermittle damit folgende Kosten.

Gesamtpreis für 300 km an einem Tag: ______

Grundpreis pro Tag (ohne Fahrstrecke): ______

Kosten pro 100 km Fahrstrecke (ohne Grundpreis): ______

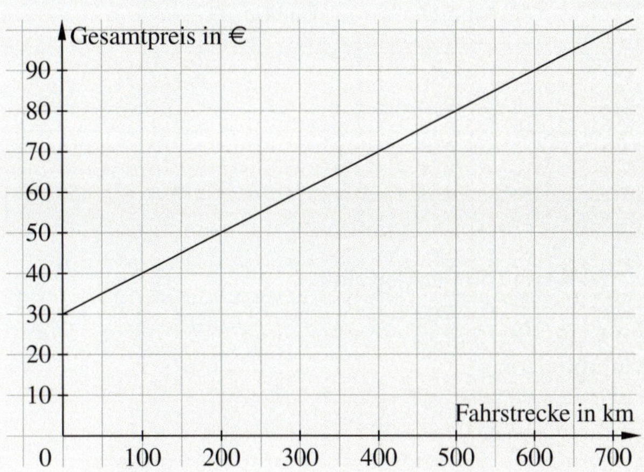

Jahrgangsstufentest

1

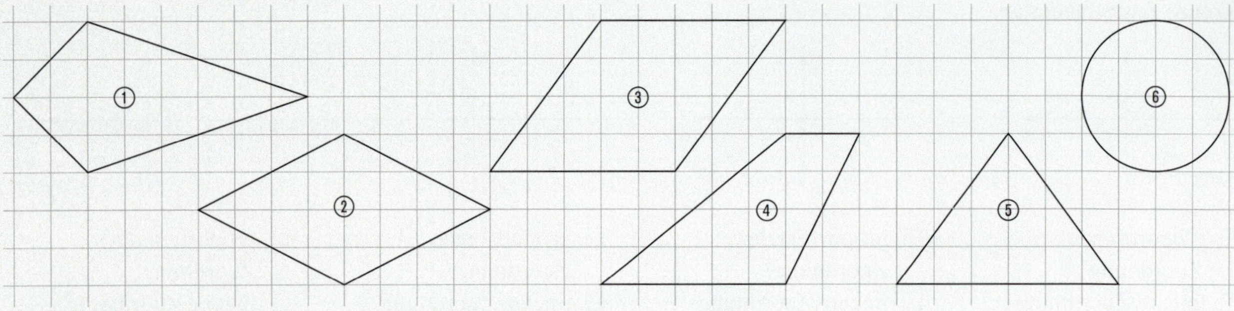

a) Benenne jede Fläche möglichst genau und berechne die Flächeninhalte.
Miss die dazu benötigten Strecken.

① ______________________ $A =$ ______________

② ______________________ $A =$ ______________

③ ______________________ $A =$ ______________

④ ______________________ $A =$ ______________

⑤ ______________________ $A =$ ______________

⑥ ______________________ $A =$ ______________

b) Welche der Flächen hat den kleinsten Umfang? ______________

c) Die Vierecke sind Grundflächen von geraden 5 cm hohen Prismen.
Welche der Körper haben gleich große Volumen? ______________

2 Luis sagt: „Jede der 7 Reihen hatte gleich viele Stühle. Ich habe von einer Reihe 2 Stühle weggenommen. Insgesamt sind es dadurch 40 Stühle."

Berechne die Anzahl der Stühle in den Reihen mithilfe einer Gleichung.
Hinweis: Veranschauliche zur Kontrolle die Stuhlreihen.

____

3 Berechne.

a) Wie viel sind 60 % von 150 Punkten?

Anteil (p %)	Punkte

: ___ · ___

60 % von 150 Punkten sind ______________

b) 5 % sind 15 Punkte. Wie viel sind 100 %?

Anteil (p %)	Punkte

: ___ · ___

100 % sind ______________

4 Multipliziere.

a) $7 \cdot (2 + e) =$ ______________

b) $(2 - f) \cdot (2 + f) =$ ______________

c) $(2 - z)^2 =$ ______________

d) $(2 + h)^2 =$ ______________

5 Bankgeschäfte
Hinweis: Rechne gegebenenfalls auf einem zusätzlichen Blatt.

a) Eine Bank bietet einen Zinssatz von 3 % p.a.,
wenn 10 000,00 € für 2,5 Jahre angelegt werden.
Man kann entscheiden,
ob jeweils die Zinsen für ein Jahr ausgezahlt oder
mitverzinst werden sollen.
Ermittle mithilfe der Tabellen den Unterschied der insgesamt anfallenden Zinsen.

Zinsen werden jeweils am Jahresende ausgezahlt		
	Zinsen	Kapital
Anfang		10 000,00 €
nach 1 Jahr	300,00 €	10 000,00 €
nach 2 Jahren		
nach 2,5 Jahren		
Gesamtsumme der Zinsen		

Zinsen werden jeweils mitverzinst		
	Zinsen	Kapital
Anfang		10 000,00 €
nach 1 Jahr	300,00 €	10 300,00 €
nach 2 Jahren		
nach 2,5 Jahren		
Gesamtsumme der Zinsen		

____

b) Die Zinsen werden jeweils am Jahresende ausgezahlt.
Mit welcher Gleichung könnten die jeweils insgesamt ausgezahlten Zinsen berechnet werden.
Kreuze an.

☐ $y = 300x$ ☐ $y = 1000x$ ☐ $y = 300x + 1000$ ☐ $y = 1000x + 300$

c) Welcher Geldbetrag wurde angelegt, wenn nach einem Jahr 750 € ausgezahlt werden können?

____

6 Trage die Buchstaben der gesuchten Begriffe in die Kästchen ein.
Wenn alles richtig ist, ergibt sich ein Lösungswort.

1. Halb so lang wie der Durchmesser ist der …
2. Eine Fläche ohne Ecken ist ein …
3. Die Graphen linearer Funktionen sind …
4. Zwei Terme mit „=“ dazwischen ergeben eine …
5. 1 % ist ein …
6. Ein Viereck mit einem Paar zueinander paralleler Seiten ist ein …
7. In der Zinsrechnung entsprechen dem Prozentwert die …
8. Die Umkehroperation zur Multiplikation ist die …
9. Eine Gleichung kann man durch … lösen.
10. Kubikzentimeter ist eine Einheit für …
11. Einen gebogenen Mantel hat jeder …
12. Ein oft genutztes Rechenverfahren ist der …
13. Sonderfälle bei der Multiplikation von Summen stellen die … Formeln dar.
14. Ein x-Wert und ein y-Wert gehören zu jedem …

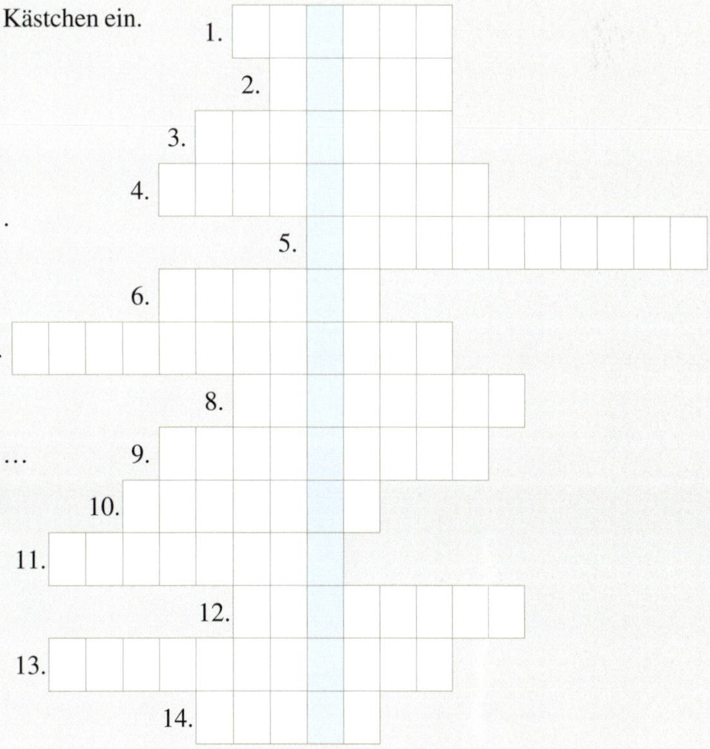